朱振藩

食家風範

目次

推薦序：時潮人物．食潮文化

文／李台山
國立金門大學校務發展諮詢委員、台灣文學發展基金會董事

在大家引頸期盼等待中，朱振藩老師的新書《食家風範》，終於和粉絲讀者們見面了！

朱老師的新書《食家風範》固然仍是以中國各地美食、食材、烹飪、菜色美味爲主題，但內容的主角，實為晚清及民國初年名食家、人文典範、思想行者、學術崑崙或狂狷名士等，此代聞人開現代中國風氣之先，其顧盼風流，益增添軼事傳奇的趣味與可讀性。

我常把那個年代（大約一八六一年至一九四九年）從洋務運動、戊戌變法、民國建立、五四運動到抗戰勝利、國共內戰，這一段中國近代將近八十年的特殊時期。中國廢除科舉制度、思想解放、科學民主西化，各項學術思潮一夕爆發，出現在中華大地上，有如二千多年前的春秋時期百家爭鳴，各方人才輩出，皆不凡之士；他們一生

爲國家民族奔走，救亡圖存，往往滿懷烏托邦式的激情，卻在冰冷現實中，屢屢折戟沉淪，但仍不忘初衷，不失中國讀書人的風骨，充滿中華兒女情懷；在朱老師的筆下，這些主宰中國近百年思想和國運的大師們在公務繁忙之餘，他們私人的生活點滴和飲食情趣，恰到好處地勾勒了出來。

例如，孫中山先生被美國時代雜誌選爲二十世紀最有影響力的亞洲人，並高居第二，他雖不追求飲食卻能領先時代，一向偏好素食，而且對於飲食有其獨到見解。他最愛吃的菜是「大豆芽炒豬血」和「鹹魚頭煮豆腐」；中山先生認爲豬血富含鐵質，豆腐則有豐富的蛋白質，這兩種食材都對人體甚有補益，國人積貧體弱，應多食用。

幽默大師林語堂，則是不折不扣的炎黃子孫，他不吃生菜、不吃番薯、不吃三明治，每餐必有飯和麵。在林著的《中國人的飲食》一文中，他認爲中國菜看在世界一流，但西方人不願意學習，推敲其中原因，在於當時中國的槍炮不夠犀利，即被列強視為弱國的東西，洋人認爲不值得學習；朱老師提及此事，常有男兒當自強之慨。

談及被譽爲「當代草聖」、「近代書聖」的開國美髯公于右任時，書中形容其字「行楷跌宕起伏，草書大氣磅礴而充滿狂意，且寓拙於巧，融大草、小草於一爐」十分貼切；又說「體圓骨方、神靈如飛、筆筆遒勁，號稱『于草』已成，翰墨獨門一家，立足歷史地位，無可動搖」于右任隨着國民政府遷臺後，也曾筆墨應酬，題字店家，其中有一家山西老鄉開的小油醋行，請他題寫店名，此即是現代揚名於全世界的「鼎泰豐」；至於于老慣食北饌，平日愛吃麵食，特別愛吃有咬勁的麵，可見是牙口不錯，也是健康長壽之象；正是這些看似無關痛癢的日常細瑣，消弭了角色與讀者間的距離，而飲食所帶來的滿足與記憶，更是超越時空的靈犀與認同。

跟着作者細膩的筆觸腳步，民國初年的許多名人軼事一一重現於篇章當中，還原了一個個人事難再的故事場景，也把讀者的思維，引領進入彼時歷史的情境裡，或與大師邂逅，展開心靈對話，或是談南北佳肴滋味，霎時口舌生津，或見其幽默而會心一笑，任由您的見知去感受，朱老師毫不藏私，大方分享了這趟齒頰留香的開卷旅程，令人愛不釋手，流連徘徊，一讀再讀。

自序：總是要過好日子

對於中國古往今來的大食家們，我一直充滿著崇敬之情與愛慕之意。繼在《聯合文學》雜誌開「食家列傳」這個專欄（註：後來結集成冊，書名仍用《食家列傳》，其後增刪改易，名為《典藏食家》）後，另以食家為主題，在《印刻》雜誌寫「過日子」這個專欄，前後近十年，今撰稿既畢，名《食家風範》，委請「麥田」出版。比較起來，《典藏食家》的年代久遠，偏重史實陳述，極具參考價值；《食家風範》的時代甚近，著重生活品味，也較富文學性。

安貧樂道乃聖賢的志向，但能打打牙祭，擺上個龍門陣，品些佳肴珍饌，絕對是個美事，即使是聖賢之徒，亦在所難免。比方說，清末京城宴飲，蔚成一股風氣，就算是窮京官，每個月總有一半以上的時間，花在相互酬酢宴請這檔事上。發起人自然不少，但每輪到譚宗浚（註：廣東南海人，曾高中榜眼，任翰林院編修，督學四川後，充江南副考官）做東道主時，由於他善安排、精調味，並把家鄉的粵菜，巧妙融入京

（即魯）味中，鮮美可口，風格獨具，建立口碑，故贏得「榜眼菜」之美譽。

譚宗浚之子瑑青，將此予以發揚光大，成就「譚家菜」的偉業，譽滿京華，博得「譚饌精」的令名。

無獨有偶，與譚瑑青齊名的黃敬臨，同列入「民國四大食家」，其「姑姑筵」響徹雲霄，光耀西南。在如此盛名下，其弟黃保臨食名遂顯，曾開餐館「哥哥傳」。此時正值民初，那時成都的燕蒸業者，有個按月輪流請客的「轉轉會」，保臨親炙的「粉蒸鰱魚」，最為內行稱道。其在製作時，選用好鰱魚，斷成好幾塊，其上噴些料酒，接著上料粉蒸，蒸好隨即上桌，上面覆些芫荽，再加現春紅椒，堪稱合度適口，由是赫赫有名。

時任成都市長、本身亦是美食家的李鐵夫，慕名這道好菜，特請黃老炮製，食罷的評語是：「出手不凡，做法別致，格調高雅，有黃（皇）家富貴氣派。」人問：「請市長說細一點，怎麼會有皇（黃）家氣派？」李答：「清淡中見辣味，單是這一手，就虧他想得出來，進過大內的廚師（註：其兄黃敬臨供職光祿寺三年，主理慈禧太后食事，大受賞識，賞以四品頂戴，遂有「御廚」之稱）門中高手，出手不凡，你我吃了幾十年的鰱魚（酒杯粗，家常用，價甚廉，每鰱魚頭用於煨湯），請問有哪家館子，竟能想出這個辦法來？」

其言下之意，能將平凡食材，燒出獨特好味，而且恰到好處，這才是真功夫。但我羨慕的則是，每月輪流一次的「轉轉會」，經彼此考究廚藝，吃得到極致之味。

打牙祭享口福，京官樂衷此道；同行不甘落後，跟著比照辦理；而平民百姓們，亦會挖空心思，搞點美味受用，糾眾而成宴會。其中，最為特別的，乃流行於客家地區的「平伙宴」，此一特殊的食俗，方言稱之為「打平伙」，閩西人名「打鬥伍」，粵東人則叫「打鬥四」。說穿了，就是眾生們自願湊分聚餐的一種形式。凡朋友之間聚遇，閒暇無事，口袋尚有餘錢，就吆喝朋友來，既可一飽口福，還能喝酒聊天，暢敘天南地北，增進彼此感情。

「打平伙」有如下幾個特點。

其一為：菜肴品種較單一，數量以參與者想吃飽、吃痛快為限，不求複雜多樣，通常選吃富營養的時令牲禽，其俗諺叫：「春羊、夏狗、秋鴨、冬雞。」意即在此季節，此類牲禽當令，食之肥美可口。但如偶逢平日少見的野味上市，刺激人們食欲，一人食之過量奢侈，會找些友人均攤，一起分享其味。

其二為：一定得平均，所切的肉塊，大小相當，一人一塊，公平合理，要吃特別部位，務必事先聲明。如果想讓家人嘗鮮，可另拿一碗，就自己分內，帶一些回家，卻不得多占，除非有剩餘。另，出錢亦須平均，在吃飽喝足後，立即結帳付款。即使不會喝酒的，酒錢也照付不誤，這是規矩。

其三為：凡參加者，必須熟識，絕不勉強湊食，人數三五人不拘，視菜色多寡及數量而定，一般不超過八個人，吃時氣氛融洽，席間談笑風生，在興之所至時，往往豁拳佐酒，直至盡歡而散。

說來也挺特別，民國七十五年（一九八六），我組成第一個美食會，總共有六位，除了我以外，都是客家人，但志同道合。我們有個約定，時間訂在週末，每個月吃一次，在第一週晚上，非有要緊大事，絕對如期舉行。而進行的方式，並不是「打平伙」，採輪流做東制，但消費有上限，免得引起爭議。吃罷正餐之後，即前往「京兆尹」，快樂地吃點心，談上一餐心得，如是達三年餘，在這段期間內，嘗遍各種口味，增長不少見識。

其後，我在公餘之暇，曾教授面相、書法、謀略等課程。常趁授課之便，到處尋訪佳肴，倘能吃到美味，必歡欣而雀躍。授課的地點不一，課程的時數挺長，是以我每到一處，即先行兜圈探看，再品人多的館子。含英咀華畢，即深烙腦海，在不斷積累下，總算略有心得。另，每次結業時，必師生聚餐，由我選好地方，學生均攤飯錢，但我必攜佳釀，彼此聯歡而散，期待日後相會。

歷經了五年多，收過不少學生，也因彼此投緣，組過數個食會，品嘗許多美味。

日後不再授課，其原因講白了，真相只有一個，原來人生真諦，就在那餐桌上，其他夫復何求？

名史學家亦是大食家的逯耀東，曾在〈飄零之味〉一文中，指出：「味分八種，辣、甜、酸、苦是主味，屬正；酸、澀、腥、沖是賓味，屬偏。偏不能勝正，而賓不能奪主，主菜必須以正味入之，而小菜多屬偏味。所以好的酒席，應以正奇相生始，正奇相剋終。」我和逯教授為忘年交，更是食友，肚大能容，惺惺相惜。其奇正之說，旨哉斯言！與我所謂的「起承轉合」，實有異曲同工而妙。而其到了極處，或許是辛棄疾的「味無味處求吾樂，才不才間過此生」的「味無味處」，返歸自然本源，極淡極鮮，純取天然。因此，即使歷經大風大浪，看盡人生百態，想要過個好日子，必主「淡泊清逸，近於無味」，才能自在風流，效法那些食家，留下典範篇章。是為序。

陸文夫自得食趣

當今的飲食界，速食風光不再，「慢食」漸成主流，可謂返璞歸真。然而，「慢食」最高境界，絕非細嚼慢嚥，或是悠閒享受，而是注重與飲食有關的生活情趣，一旦融入其中，再也難捨難分。

號稱「上有天堂，下有蘇杭」的蘇州，建城超過兩千五百年，鍾靈毓秀，人文薈萃，得天獨厚。長於斯且成於斯的陸文夫，在如此氛圍的孕育下，終以一支健筆，寫下蘇州種種，博得「陸蘇州」的美譽。而精於吃、茶（含壺）及酒的他，更因名師指點，加上體會深刻，寫活其中況味，將「精緻甲天下」且「美味冠天下」的蘇州，寫得活色生香，不僅成為名副其實的美食家，同時以中篇小說《美食家》名世，被譯成多國文字。

陸文夫，本名陸紀貴，江蘇泰興人。幼入私塾，啟蒙老師秦奉泰以其名字俗氣，起學名叫文夫，一直沿用此名。秦老師是個雜家，什麼都會，既寫得一手好字，也「替人家寫春聯、寫喜幛、寫庚帖、寫契約，合八字，看風水，念咒畫符，選黃道吉日，還會開藥方」，因而「每天都有人來找他寫字、看病，或者夾起個羅盤去看風水。所以常有人請他去吃飯，附近的人家有紅白喜事，都把老師請去坐首席。」

有段時間，老師見他在書法上不堪造就，便教他「吟詩作對，看閒書」，陸看得「廢寢忘食，津津有味」。在讀罷這些章回小說後，從此「與文字結下不解之緣」。

到了二十世紀五〇年代，蘇州尚無作家協會，只有一個作家小組，成員有周瘦鵑、范煙橋、程小青、滕鳳章和陸文夫等六、七人。這小組相約每週一次，地點就在各個酒家飯店，幾年下來，幾乎吃遍城內的大小飯店，加上當時周、范、程的名氣極響，又精於飲食，菜館的廚師聽到他們來「預約」時，早在幾天前，就開始準備和精心籌畫，有些為了滿足他們的「嘗嘗味道」，更是卯足精神，經常變著法兒，燒出名饌佳肴，只為一聲好評。周喜歡邊吃邊談，陸受他親炙數年，在「口領神會」下，終於「吃出了心得」。且經周引進門的陸文夫，靠著自身修為，不斷身體力行，加上「神思泉湧」，美食便成了他創作上的一大資源，將「吃也是一種藝術」、「烹調藝術是一種藝術」詮釋得鞭辟入裡，同時他越會寫吃，就越有口福，越有口福，就越將吃寫得「有味」，竟把「品嘗和烹調提升到哲學的高度」，成就舉世獨一無二的陸氏「美食哲學」。

此外，自言「興趣很廣泛」的陸文夫，「對字畫、古玩、盆景、古典家什、玲瓏湖石等等都有興趣，也有一定的欣賞能力」，因此，只要端起酒杯，便可講出整套「酒經」；捧住個茶壺，可以大談「茶經」與「壺經」，他之所以能如此全方位，多功能，得力自周瘦鵑最多。

周瘦鵑乃出生於上海的蘇州人，少年失怙，家境貧寒，享譽文壇後，以筆耕為生，為海派文化「鴛鴦蝴蝶派」的巨擘。當他返回故鄉蘇州後，購宅「紫蘭小築」，蒔花弄草，醉心盆景，亦是蘇派盆景大家。而特別注重日常生活情趣的他，接軌明清文人，過得自在瀟灑，並把這些「先進」席設樹蔭之下，花前淺酌，羅列佳肴，飯罷品茗，賞花觀畫，然後欣賞盆景，相互吟詩唱和的「淘汰俗情，……以見性靈」的情趣，徹徹底底融入於生活之中。

想要過這種美好的日子，美味必不可少，所以小聚的佳肴美點，或出於家庖，或出自主持中饋的婦人之手，周的夫人范鳳君無疑是個中高手。據周〈紫蘭小築九日記〉云：「午餐肴核絕美，悉出鳳君手，一為鹹魚燉鮮肉，一為竹筍片炒雞蛋，一為肉餡鯽魚，一為筍丁炒蠶豆，一為醬麻油拌香干馬蘭頭，蠶豆為張錦所種，竹筍則斷之竹圃中者，厥味鮮美，此行鳳君偕，則食事濟矣。」

而這種明清以來蘇州文人的生活情趣，自文革事起，周苦心孤詣栽培的花木盆景，悉被紅衛兵摧殘殆盡，傷痛絕望之餘，乃投井自盡，即成了絕唱。陸何其有幸，得其二三遺韻，暫使斯道未絕。陸文夫曾自言道：「余生也晚，直到五〇年代，才有機會與周先生共席。」名為「實習」，實際上就是聚餐。

另，講話慢條斯理，從不高聲急語，邊說話邊思考的陸文夫，其文學作品一如講故事般，既顯從容不迫，而且娓娓道來，不但高潮疊起，時出如珠妙語，特別耐人尋味。自發表《小巷深處》後，有人稱他為「小巷作家」，他則以「生在小城裡，長在小巷中，寫些小人物，賺點小稿費」自況。而他自己「夢中的天地」，亦在蘇州城內小巷周遭，更開啟「小巷文學」的先端。尤有甚者，及長一直居住蘇州的他，對城內外的巷弄和草木，有著深厚的感情，因而他所寫的小說、散文，大多離不開蘇州，後來又創辦《蘇州雜誌》，專門介紹當地的歷史文化。是以在一次「陸文夫作品學術研討會」上，有人指出：「世界這麼大，他只寫蘇州，……陸文夫是蘇州的，蘇州也是陸文夫的，陸文夫是文學上的『陸蘇州』。」可真誦揚備至。畢竟，自中唐大詩人韋應物被稱做「韋蘇州」以來，也唯有他足以當此殊榮。

在長久飲食上的薰陶及自己切身的經歷下，陸文夫先後完成多篇膾炙人口的散文。然而，他最受矚目的，仍是著名的中篇小說《美食家》。這本小書之所以好看耐看，一則描寫蘇州的飲食風情，再則寫盡美食家朱自冶的命運變遷，更借鑒了傳統話本和蘇州評彈的寫作手法，將他最擅長的清淡悠遠文風發揮殆盡，描繪得入木三分，非常傳神。而我認為最可貴的，乃是朱自治的一部「吃史」，幾乎濃縮近半個世紀中國社會的興衰演變，曾高高在雲端之上的他，歷經文革變故，吃盡不少苦頭，等到走資萌芽，終有用武之地，成就食家之名，讀之令人太息，縱百看亦不厭，讓我讚歎不置。

基本上，蘇州菜肴的特色「在於能把吳中的山川毓秀、人文精華都融合在內」，從而展現了「柔和、溫馨、清鮮之中帶著甜味，有如吳儂軟語之輕慢和甜蜜」。

且美饌之外，蘇州的茶與酒，亦是天下妙品。關於茶，虎丘有「香氣濃郁」的茉莉花茶，碧螺峰更產「嚇煞人香」的碧螺春。老茶客在茶棚戲茶，或在茶室、茶寮邊飲茶邊吃茶食，是日常生活的一部分。除名茶外，蘇州的名酒，則有在明朝曾行銷半個中國的三白酒，號稱「世間尤物」。於是乎蘇州的酒店、酒館、酒樓林立，且酒坊之多，亦不遑多讓。前者為吃飯喝酒之所在，後者卻是沽酒之店，好酒垂手可得。有此背景，酒在蘇州，更甚於茶，非但「不可一日無此君」，同時用它寄情助興，推動各式各樣的文化娛樂活動。陸文夫久受此陶冶，定體會深刻。也唯有如此，才講得出「吃喝吃喝，吃與喝是一個不可分割的整體，凡是稱得上美食家的人，無一不是陸羽和杜康的徒弟的」，這話有意思，堪稱中國餐飲的經典名句。如果只懂一端，不及其餘，終究只是個老饕。

儘管陸氏能飲善品，但他在飲食上最大的事功，仍是在吃，吃，吃。為什麼連寫三個吃呢？一則他有機會吃，也吃得出「味道」；再則他的吃有見地，能針砭「食」局；三則他寫得出吃的境界和格局，汪洋澎湃，滔滔不絕。

首先，「蘇州人懂吃，吃得精，吃得細，四時八節不同，家常小烹也是絕不馬虎的。那些街頭巷尾的阿嫂，白髮蒼蒼的老太太，其中不乏烹飪高手，都是會做幾隻拿手菜的。」因此，新鮮精細、豐富多采的蘇州菜肴，需要多吃常品，才能吃出個所以然來。這點陸文夫倒是際遇非常，過口的美饌無數。尤有甚者，他有幸參加二十世紀五〇年代初期蘇州最大的一次宴會，當時名廚雲集，一頓飯整整吃了四個鐘頭，美不勝收。後來蘇州的特一級廚師吳涌根的兒子結婚（其子亦為名廚），父子二人特地合燒一桌菜，請他和幾位老朋友聚聚。吳涌根廚藝高超，有「江南廚王」之譽，陸稱他的烹飪技藝「出神入化」，「像一個食品的魔術師，能用普通的原料變幻出瑰麗的菜席」。結果這一桌菜，足足準備了好幾天，不但比起當年的那一頓「毫無遜色，而且有許多創造與發展」。這兩餐鮮美絕倫的好食，正是《美食家》一書中，那席絕響家宴的所本，經文夫娓娓道來，絕無電影《芭比的盛宴》鋪陳和誇耀，反而是不濃不豔，讀罷雋永有味，把掌勺的妙手廚娘孔碧霞寫得絲絲入扣，顯得張力十足。若非吃過及見識過，豈能如此舉重若輕，駕輕就熟？

其次，套句書中美食家朱自治的話，懂吃「這門學問一不能靠師承，二不能靠書本，全憑多年的積累」；而且「知味和知人都是很困難的，要靠多年的經驗」。正因為如此，清代大美食家袁枚即拈出所謂的「飲食之道」，就是「不可隨眾，尤不可務名」。欲達此一水平，得有自家主見。

早在個幾十年前，陸文夫已看出飲食界的沉淪端倪及一些歪風，於是針對其弊，既強調食材要回歸自然，有機才會生鮮；也表示自從經濟起飛後，宴會盛行，「巡杯把盞，杯盤狼籍，氣氛熱烈，每次宴會都好像有什麼紀念意義，可是當你『身經百戰』之後，對那些宴會的記憶，簡直是一片模糊，甚至記不起到底吃了些什麼東西」，而且餐飲界雖注意到了吃喝時環境，但只注意到「飯店的裝修、洋派、豪華、浮華，甚至庸俗」，還特別流行中菜西吃，「每道菜都換盤子，換碟子，叮叮噹噹，忙得不亦樂乎」，像煞看操作表演，渾不知只是「吃了不少盤子、碟子和杯子」，殊不知「名貴的菜不一定都是鮮美的，只是因其有名或價錢貴而已」；更在〈吃空氣〉一文道出：「全國各地大搞形式主義」，以致氣派當道，但在吃這方面，其量縱使不少，不過「一會兒換隻盤子，一會兒來隻小盅，一會兒來隻小汽鍋，裡面僅有兩塊雞」，總「覺得這些菜是一鍋煮出來的高級大鍋菜」。於是他反問，究竟「你是想吃氣氛呢，還是想吃盤子裡的東西？」以上這些切中「食」弊的論調，而今聽來，不啻暮鼓晨鐘，足以振聾發聵，一再發人深省。

末了，寫出吃的情境，早在清人周容的〈芋老人傳〉，便已著墨一二，但能發揚光大，卻非陸氏莫屬。關於此一境界，依照他的心得，必須要吃出「詩意」，且在吃喝時，更要重視那無形的「境界」，也唯有如此，才能使食客們一食忘情，甚至終身難忘。

所以，他始終對有回在某小鎮的飯店裡，身處那「青山、碧水、白帆、閒情」的詩意中，品享一尾只放了點蔥、薑、黃酒清蒸的大鱖魚，就著兩斤仿紹酒，足足消磨三個鐘頭。這種「自斟自飲自開懷」的快樂時光，當然永烙心底，留下美好回憶。有人執此一端，稱他為承襲江南士風、懂得生活情趣的最後傳人，應是名實相副，吻合實際情形。

自從《美食家》一書爆紅後，歐洲飲食水平最高的法、義兩國，他們有些美食展、美食評鑑會，為了一睹這位中國美食家的風采，紛紛邀他前往，陸文夫亦因此而體會了一些異國的飲食文化，相對地，法國有許多聞名的餐館，亦知道有他這號人物（註：《美食家》這本書，光在巴黎就銷售了數十萬冊）。有一次，他受邀到巴黎某名餐館用餐。老闆態度傲慢，席間拉開嗓門，講解自編食譜。講到得意之處，大談一己經驗，說吃過中國菜，覺得太過油膩，並不怎麼好吃。陸本不愛在此場合發表意見，聽到老闆攻擊中國菜，忍不住一口氣講了半個小時，博得個滿堂采。

陸文夫先問老闆是在哪裡吃的中國菜？老闆回說是在法國。陸接著表示，在法國吃中國菜，「是走了樣，變了味道的」。他更告訴法國的朋友們，中國菜的食材廣，菜式齊全，一般的館子供應上百個菜，只是小事一樁，就連街頭巷尾的小館，也能燒幾十個菜色，有的還有幾隻拿手菜。在座的法國人大為驚詫，因為「法國大菜無非那麼幾道，一餐上幾十個品種是不可能的」。這乃陸文夫在國外的得意事之一。還有件事，代表著他有先見之明。

原來法國有次邀他出席法國美食節，他帶了幾包蘿蔔乾前往，此舉在代表團內引為笑談。結果到法國「饕餮」了三天，笑他的團友都喊「吃勿消」，反而到他的房裡來，討些蘿蔔乾吃。由於此物乃「通氣、消食、解油膩之法寶」，備此一份上路，保證無往不利。

此外，眼尖的讀者會發現，《美食家》書中的主人翁朱自治，他在開講時，其開宗明義，便是講如何放鹽，因為「鹽把百味吊出之後，它本身就隱而不見，從來也沒有人在鹹淡適中的菜裡吃出鹽味，除非你是把鹽多放了，這時候只有一種味：鹹。完了，什麼刀功、選料、火候，一切都是白費！」而且「這放鹽也不是一成不變的，要因人、因時而變。一桌酒席擺開，開頭的幾隻菜要偏鹹，淡了就要失敗。為啥，因為人們剛剛開始吃，嘴巴淡，體內需要鹽。以後的一隻隻菜上來，就要逐步地淡下去，如果這桌酒席有四十個菜的話，那最後的一隻湯，簡直就不能放鹽，大家一喝，照樣喊鮮。」若非老於此道，所說出來的話，豈能如此精闢？

而在現實生活中，陸氏對宴席最後的那隻湯菜，極為重視。有一次，他在蘇州「得月樓」宴請名作家馮驥才，「點的菜樣樣精美，尤其是最後一道湯，清中有鮮。清則爽口，以解餐中之油膩；鮮則纏舌，以存餐後之餘味。」其實那道湯菜，就是蘇州家常菜的雪裡蕻燒鱖魚湯，再加一點冬筍片和火腿片，陸只要在蘇州的飯店作東或作陪，一定指名點此，凡吃過的中外賓客，無不讚美叫好，畢竟，它「雖然不像鱸魚蒓菜那麼名貴，卻也頗有田園和民間的風味」。

時代真的變了，經濟一旦發達，人們富裕之後，老是「四體不勤」。為了適應需求，「輕糖，輕鹽，不油膩，已經成了飲食中的新潮流」，即使是蘇州菜，「也不那麼太甜了」。處此大變局中，對於蘇州菜的出路，陸文夫的兩大觀點，非常值得重視，或可引領風騷，再造蘇菜中興。

其一是創新要「建立在豐富的經驗，豐富的知識，扎實操作基本功之上」，必須使食客在口福上，「常有一種新的體驗，有一種從未吃過但又似曾相識的感覺」，能在「從未吃過就是創新」、「似曾相識就是不離開傳統」之中取得平衡，這才是正道，也是可長可久的唯一途徑。

其二為開設一些有特色的小飯店。其環境不求洋化而具有民族的特點，「像過去一樣，爐竈就放在店堂裡，文君當爐，當眾表演，老吃客可以提出要求，鹹淡自便」，趁熱快食，其樂融融。

這兩條建議，前者要改變觀念，強化廚師；後者則不再向錢看齊，培養老饕。非正本不足以清源，絕非一朝一夕之功。

現在美食家的定義稀鬆平常，兩岸三地充斥著網路飲食的工作者們，套句我的作家好友詹宏志的話，這些文章「主要的缺點是：淵源錯亂，品味平庸，民粹盛行」，既「不能吃也不能讀」，常令他「有不知何處下箸之感」。

美食家的考語，我認為是在「愛吃、能吃、敢吃」之外，必須「懂吃」。如果沒有遍嘗千般味，比較其異同，考察其好壞，明白其源流，而是憑著直覺，信筆為之，甚至臧否優劣，這種一己之見，恐怕連參考價值都有待商榷。還是詹先生說得好，台灣的飲食界，從另一個角度來看，「正來到某種『文藝復興』的階段，有愈來愈多埋頭尋找自然食材的達人與大廚，有愈來愈多的廚藝家想要回歸『古早』，有愈來愈多的食客尋求真味、不務時髦。」似乎經過這段沉潛又再昂揚的黑暗時期後，華人圈將會出現許多陸文夫式的美食家，論述有板有眼，見解針針見血。此乃食林之幸，亦是食客之福，希望這一刻早日來到，引頸企盼之至。

附記

十餘年前，李昂宴請香港作家也斯，找我作陪，席間相聊甚歡。第二天晚上，我設宴邀請也斯，談的都是家常菜，愈聊愈有勁兒，告以我曾寫過陸文夫，他回以自己也寫過，發表在《昆明的除夕》一書，篇名為〈陸文夫的美食〉，並告訴我說，香港中環某店，滋味非比尋常，擬邀我去尋味。欣然應允後，他回港不久，即聞仙逝消息，不禁扼腕而嘆。幸好他已託李昂送來該書，我隨即翻讀之，這是他和陸文夫的互動，讀來親切有味。比方說，陸的小說「用食物比喻」，有人說他是「糖醋現實主義，有微甜也有酸楚」，同時他認為搞創作的人，最怕「偏食症」，最好什麼都知道一點，但也不必好高騖遠，「不要放著餛飩不吃，再去找紅燒肉」。旨哉斯言，寫作固當如此，人生何獨不然？

也斯曾去陸府做客，據他就近觀察，「陸文夫吃菜不多，酒慢慢喝，卻可以一直談到夜深」，有如「油泡蛋，文火燜，大火炒，結果也別具一格」。也斯這番際遇，讓我心嚮往之。

周作人融味外味

常言道：「吃得苦中苦，方為人上人。」嘗口中苦味易，寫心內苦況難，而將內心之苦，再透過文字，寫活其滋味，且言之有物，真是大手筆。放眼近世食家，得臻此一境界者，僅周作人一人而已。

周作人，浙江紹興人。原名櫆壽（後改為奎綬），字星杓，號知堂、藥堂等。魯迅（周樹人）之弟，周建人之兄。他集詩人、散文家、文學理論家、翻譯家、中國民俗學開拓者、思想家等頭銜於一身，且與乃兄魯迅同為新文化運動代表人物之一。只是周氏昆仲從小一起就讀於私塾（三四味屋），稍長，改入江南水師學堂（民國後改海軍軍官學校）攻讀，接著考取官費生，留學日本。生長背景相似，彼此感情深厚。但自「分家」以後，兩人運途大異，褒貶迄無定評，作品風格有別，反映在飲食上，更是如此。

就以紹興酒而言，它盛行於明中葉，距今約五百年。當時的酒味，據《讕言長語》

的記載：「入口便螫，味同燒刀。」自從由辛螫轉為溫和後，一躍而成「名士」（袁枚語），天下靡然風從。對於故鄉的酒，魯迅喜愛有加，常將此酒寫入他的詩歌、雜文、小說內，慢飲小酌，以酒會友，並用酒寄情其愛憎。如〈自嘲〉中云：「運交華蓋欲何求，未敢翻身已碰頭。破帽遮顏過鬧市，漏船載酒泛中流。橫眉冷對千夫指，俯首甘為孺子牛。躲進小樓成一統，管他冬夏與春秋。」

尤其在小說內，魯迅經常提到紹興酒，兼及紹興酒俗，無論是〈狂人日記〉、〈阿Q正傳〉、〈在酒樓上〉，還是〈孔乙己〉、〈故鄉〉、〈祝福〉等，都以酒寫人寫事，又以人以事寫酒。足見他對紹興酒口有偏嗜。

在飲酒這一方面，周作人著墨甚多，包括酒器、喝法、愛好及下酒物等。他認為西洋人不懂茶趣，但對酒則有工夫，決不亞於中國。且所有的西洋酒中，他獨鍾白蘭地，「葡萄酒與橙皮酒都很可口」。也喜歡日本的清酒，「只好彷彿新酒的模樣，味道不很靜定」。以上所舉，純為個人喜好，談不上什麼品味。倒是性喜獨酌的他，黃酒、燒酒不拘，而且酒量不宏，容易面臨「赤化」（指酒後臉紅，一說變成關夫子），但對於下酒物及酒趣等方面，他則見解精緻，能說出個所以然來。

比方說，他喜食故鄉的楊梅，其味「生食固佳，浸燒酒中半日，啖之亦自有風味，浸久則味在酒中，即普通所謂楊梅燒，乃是酒而非果矣」。而適合浸楊梅的燒酒，非家鄉紹燒不可，若用其他的白乾，則「有似燕趙勇士，力氣有餘而少韻致」。我有幸在香港的「杭州酒家」，兩嘗浸紹燒的楊梅，皆連下六、七顆，其風味之佳美，至今回味無窮，而那楊梅燒，亦大有滋味，喫它個三、兩杯，果然非比凡常，周氏此番見解，經我個人體驗，益見所言不虛。

周父伯宜能飲，每碗用花生米、水果等下酒物，「且喝且談天，至少要花費兩點鐘」，這對魯迅有些影響，於作人則不然，除非真的有好酒，才會搶著喝，且大醉而回。只是飲酒之樂，他不認為是醉後的陶然境界，而是在飲的當下，「悅樂大抵在做的這一剎那，倘若說是陶然，那也當是杯在口的一刻罷」。直截了當，像是酒徒。

對紹興兒歌裡的：「剥螺螄遇酒，強盜趕來勿肯走。」周氏的別解有趣，頗值一觀。指出「英美人聽說螺螄、田螺，便都叫做斯耐耳，中國人又趕緊譯成蝸牛，以為法國有吃蝸牛的，很是可笑。其實江浙鄉間這種蝸牛是常吃的，因為價賤吃的很多，剥去尾巴，加醬油蒸熟，擱點醬油，要算是一樣葷菜了。假如再有一碗老酒，嗍得吱吱有味，這時高興起來，忽然想起強盜若是看見，一定也要歆羨的吧。」

他如紹興酒四大系列中的善釀酒，基本上是一種「酒做酒」，乃半甜型黃酒的典型代表。周認為它的缺點是「甜」，「不是米酒的正宗，而是果酒和露酒了」，它的好處是好喝，而不能多喝，壞處則是醉了不好受。因此，「愛喝善釀酒的，不是真喝酒的」。他的這番見地，對奉紹興「苦為上，酸次之，甜斯下矣」的人士而言，固然是正辦，但他認為善釀酒「於推銷方面不能發揮什麼作用」這點，恐怕與事實不符。在他身故後不久，此酒銷往日本，以雞尾酒形式呈現，即加冰水稀釋，上置一片檸檬或一顆櫻桃；命名「上海寶石」。居然大受歡迎，走紅東瀛列島。由此亦可見「窮則變，變則通」，乃千古不易之理。

一談到茶，周自謙「不會喝茶，可是喜歡玩茶」，甚至將書齋命名為「苦茶庵」。且由喝茶中，「把生活當作一種藝術，微妙地美地生活」，從而使之和其偏好的清雅、苦澀、稚拙、厚重有味的文學作品，串連並互動起來。

周所喝過的好茶，主要有碧螺春、六安、太平猴魁和廣西的橫山細茶、桂平西山茶和白毛茶等名種。後三者「味道溫厚，大概是沱茶一路，有點紅茶的風味」。自述不喜飲北京人所喝的「香片」，以為「香無可取」，即使是茶味，「也有說不出的一股甜熟的味道」，這個說法，與他一貫所追求清雅、苦拙的美感，大體而言，一脈相通。所以，他所謂的喝茶，「卻是在喝清茶，在賞鑒其色與香與味，意未必在止渴」，而上茶館去，除了清茶外，左一碗右一碗的喝了半天，好像剛從沙漠回來的樣子，則最合於他喝茶的意思。

至於喝茶的態度，周作人以為「當於瓦屋紙窗之下，清泉綠茶，用素雅的陶瓷茶具，同二三人共飲，得半日之閒，可抵十年的塵夢。喝茶之後，再去繼續修各人的勝業，無論為名為利，都無不可」，而這偶然的片刻優遊，確已脫離實際感官的層面，再轉向清雅、精神性的審美追求，也難怪他對閩、粵二地的喫「功夫茶」，覺得「更有道理」。

吃酒要下酒物，飲茶也需茶食匹配，才能相得益彰。葛辛的《草堂隨筆》一書中，提及「英國家庭裡下午的紅茶（或加糖與牛奶）與黃油麵包，是一日中最大的樂事」，中國人飲茶已歷千百年，「未必能領略此種樂趣與實益的萬分之一」。此一獨家論點，周很不以為然。不過，中國的茶食，變成了「滿漢餑餑」（即各式各樣的滿、漢點心），亦為他所不取。畢竟，茶食以清淡為尚，不應該五味雜陳。

日本式的點心，雖是豆米成品，但其「優雅的形色，樸素的味道」，周甚為推重，因它們「很合於茶食的資格」，而各色的「羊羹」，「尤有特殊的風味」。另，在中式的茶食中，他認為江南茶館的「干絲」（用豆腐干切成細絲，加薑絲、醬油，重湯燉熟，上澆麻油，出以供客），與茶最相宜，在南京那段時期，常在下關的江天閣邊飲邊吃。

然而，受用這一妙品，可是有講究的，「平常干絲既出，大抵不即食，等到麻油再加，開水重換之後，始行舉箸，最為合式，因為一到即罄，次碗繼至，不遑應酬，否則麻油三澆，旋即撤去，怒形於色，未免使客不歡而散」，更重要的是，「茶意都消了」，那就無趣得很。

此外，周對飲食的考據，功力極深，像先前的羊羹，照日人田恭輔氏的說法，出自唐朝時的羊肝餅。而日本人愛食的「茶漬」（用茶掏飯），所搭配的「澤庵」（一種黃土蘿蔔，切片來吃），則由澤庵禪師從中國福建傳去的。他又考據茶食的出處，兼及與小食（點心）之間的不同，同時還懷念他從小熟悉的一些南方茶食，例如糖類的酥糖、麻片糖、寸金糖，片類的雲片糕、椒桃片、松仁片，軟糕類的松子糕、棗子糕、蜜仁糕、桔紅糕等。另有些「上品茶食」，如松仁纏、核桃纏等，他反覺得並不怎麼好吃。

最後，周作人提出：「我們於日用必需的東西以外，必須還有一點無用的遊戲與享樂，生活才覺得有意思。我們看夕陽，看秋河，看花，聽雨，聞香，喝不求解渴的酒，吃不求飽的點心，都是生活上必要的——雖然是無用的裝點，而且是愈精煉愈好。」妙哉此言。這番論調，對忙碌的現代人來說，特具意義，不啻暮鼓晨鐘，頗有借鑒價值。

回歸到吃這一主題，周家兄弟因稟賦及閱歷上的不同，自然大有區隔，且對故鄉的食物，亦執不同的觀點。

對於故鄉的蔬果，魯迅在〈朝花夕拾〉小引裡，便提出自家見地，說：「我有一時，曾經屢次憶起兒時在故鄉所吃的蔬果……都是極其鮮美可口的，都曾是使我思鄉的蠱惑。後來我在久別之後嘗到了，也不過如此，惟獨在記憶上，還有舊來的意味留存。它們也許要騙我一生，使我時時反顧。」顯然像是心中的一片雲，偶而留下它的蹤跡。

比較起來，周作人總是難忘故鄉的吃食，且不論那「五月楊梅三月筍」，凡是甘蔗、荸薺，水紅菱、黃菱肉，青梅、黃梅，金橘、岩橘，各色桃李杏柿等，一直「有點留戀」，尤其是鹽煮毛筍，其新鮮甜美的味道，乃「山人田夫所能享受之美味」，絕非芻豢之人所能理解。其次則是上不了檯面的黃菱肉，感覺起來最有味。另，魯迅對新鮮的糕餅，一向勇於嘗試，日記常提及廣東的玫瑰白糖倫教糕；周作人心中所繫念的，則是故鄉的麻糍與香糕，還自我調侃道：「我在北京彷徨了十年，從未曾吃到好點心。」

除此之外，魯迅吃得很廣，敢品嘗蛇肉、龍虱、桂花蟬等異味，也能親操刀俎，以干貝燉火腿，蘸著胡椒吃。且在吃猴頭菇後，更謂：「猴頭已吃過一次，味道很好，但與一般蘑菇種類頗不同，南邊人簡直不知道這名字。說到食的珍品，是燕窩魚翅，其實這兩種本身並無味，全靠配料，如雞湯，筍，冰糖等。」他的美食路數，有其獨特性格，與乃弟的談吃，雖非南轅北轍，但亦絕少交集。

詳閱周作人談吃的文章，縱使開啟現代散文中談吃的傳統，但他並不專力於此。此類散文，散見在各集子裡，可視為他生活藝術及民俗文化的延伸，並藉由談吃，寄託他對故鄉的蓴鱸之思。是以他不著意描寫食物或菜肴的色香味，亦不炫耀夸談其飲食經驗，而是展現其一貫的散文風格，旁徵博引、文字樸拙，於含蓄蘊藉中，別有一番苦澀的風味，故有物外之旨，特別耐人尋味。

鄉愁揮之不去，舊味杳然無跡，寫來似淡實濃，精華內蘊其中，反覆再三致意，令人回味不盡。周作人之於吃，其清風苦雨處，既飛揚且落寞，將他「談吃也就是他對待生活的態度」，發揮得淋漓盡致。以下種種，可見端倪。

大家都知道，北京那裡的人特重烤鴨，粵、港人士則偏嗜燒鵝。後者源自明州（今浙江境內），與紹興相鄰，周作人長於斯，喜歡鵝的「粗裡帶有甘（並不是甜）味」，「覺得比雞鴨還可取」，就不足為奇了。而他寧取鵝的理由，居然是「鴨雖細滑，無乃過於腸肥腦滿，不甚適於野人之食」，此誠與他清高、刻苦和耐品的飲食思考一致，亦與民俗風土若合符節，惟他所喜歡的鵝肉，主要是熏鵝、糟鵝及扣鵝，而不是台灣的白煮鵝或潮州式的鹵水鵝。

關於熏鵝，紹興的食法為蘸醬、酒、醋吃，味道「非常的好」。而一名燒鵝的熏鵝，其在享用之時，亦有高下之分。周以為「在上墳船中為最佳，草窗竹屋次之，若在高堂之下」，反而不如吃扣鵝或糟鵝來得適宜。所持原因很簡單，竟然是「殊少野趣」，果然有他那超逸獨特的個性滋味。

周最愛吃的物事，應是自許為天下第一的豆腐。以豆腐入饌，「頂好是燉豆腐」，這種鄉下吃法，為「豆腐煮過，漉去水，入沙鍋加香菰、筍、醬油、麻油久燉」，透味即成，風味極佳。此一老式家庭菜，有的地方稱為大豆腐。

大蒜煎豆腐亦為鄉下的家常菜，先把豆腐切片油煎，「加青蒜，葉及莖都要，一併燒熟」。其滋味竟讓不喜蒜頭的周作人，把碗內的青蒜吃得很香，而且「屢吃不厭」。

還有一種「溜豆腐」，製法是「把豆腐放入小缽頭內，用竹筷六七隻併作一起，用力溜之，即是拿筷子急速畫圈，等豆腐全化了，研鹽種（或稱鹽奶，云是燒鹽時泡沫結成）為末加入，在鍋上蒸熟」。此味「以老為佳，多蒸幾回，其味更加厚」，其妙在「價廉物美，往往一大碗可以吃上好幾天」。他更打趣的說，「早晚有這些在桌上，正如東坡所說，亦何必要吃雞豚也」。

除此而外，紹興的鄉下人「咬醃魚過日子，也是一種食貧，只是因為占了海濱的光，比吃素好一點兒，但是缺少維他命，……須要菜蔬來補也一下，可是恰巧這一方面又是醃菜為主」，未免是個缺點，其唯一的救星，則是誰都吃得起的豆腐。當周作人靠筆耕為生，潦倒困頓之時，不忘自我解嘲，稱：「一塊鹹魚，一碗大蒜（葉）煎豆腐，不算什麼好東西，卻也已夠好，在現今可以說是窮措大的盛饌了。」窮乏不改其樂，淡中滋味更長，自嘲意味濃厚。

豆腐再製而成的臭豆腐乳，周作人認為「味道頗好，可以殺飯，卻又不能多吃」，只要個半塊，便可下一頓飯，堪稱經濟實惠。他還調侃地說：「鄉下所製乾菜，有白菜乾、油菜乾、倒督菜之分。外邊則統稱之為霉乾菜，乾菜本不霉而稱之曰霉，（臭）豆腐事實上是霉過的而不稱為霉，在鄉下人聽了，是有點兒彆扭的。」

下飯之物，周除以上列舉的，尚有「過酒下飯都是上品」的醃螺獅青和醃蟹。前者紅白鮮明，後者其貌不揚，「儼然是一只死蟹，就是拆作一胛一胛的，也還是那灰青的顏色」。由上觀之，他所吃的這些，全是大眾吃食，只有真識其中味的，才會一直念茲在茲。

而在揚州，扒燒整豬頭可是道大菜，能堂而皇之的進入華筵中，可是在其他地方，卻是平凡至極之物，不登大雅。周作人對於此味，很是喜歡，就算「看去不雅，卻是那麼有味」。他小的時候，便在攤上用幾個錢買豬頭肉，白切薄片，置乾荷葉上，微微灑點鹽，空口吃不錯，夾在燒餅裡尤佳。他所吃過最好的一回，在個山東朋友家裡。這位老兄乃清河人氏（武松的鄉親），長於做詞，有次過年招飲，用紅、白兩種做法燒豬頭，搭配白饅頭吃，看起來滿寒酸的，周卻形容成「甘美無可比喻」，還說：「那個味道，我實在忘記不了。」從平凡物事中寄真情，充分流露出他個人清高、淡泊的心理，殊堪玩味再三。

另，周氏兄弟都愛吃辣椒。魯迅所以鍾情於此，肇始於赴江南水師學堂就學，當零用錢將罄，無力添衣禦寒。待冷鋒一到，凍得渾身瑟瑟、砭人肌骨，在無可奈何下，就開始吃辣椒。每當夜深人靜，寒風呼嘯之時，就取一枚辣椒，分段送嘴咀嚼，辣到額頭冒汗，周身發暖，才睡意消減，再捧書而讀。長期下來，漸習以為常，進而成為慣例，終至腸胃受損，遂成不可承受之重。

基本上，周作人愛辣，出自天生。曾說：「五味之中只有辣並非必要，可是我最喜歡的卻正是辣。」還分析各種辣味。指出：「生薑辣得和平，青椒（鄉下稱為辣茄）很凶猛，胡椒芥末往鼻子裡去。」至於他當作「辣味的代表」——青椒，「用處就大了」，用做辣醬、辣子雞、青椒炒肉絲，固然不錯，但他卻「喜歡以青椒為主體的」，最稱珍味而念念不忘的，則是「南京學堂時常吃的醃紅青椒入麻油，以長方的侉餅蘸吃」。這種吃法，當然比乃兄空口吃青椒來得有味。他甚至抱怨，北京無如此厚實的紅辣椒，「想起來真真可惜也」。太息之情，躍然紙上。

「無味者使之入，有味者使之出」一語，為袁枚在《隨園食單》中的至理名言。周氏引申其意，認為「有味者使之出，不過是各盡所能，還是平常，惟獨無味者使之入，那便沒有不好吃的菜，可以說是盡了治庖的能事了」。而這種大司務不惜工本、煞費苦心所準備的上湯，自味之素（即味精）上市後，雖給予家庭主婦與旅客不少便利，但許多大飯館自甘墮落，使得無味者使之入不再是難事，「更不要什麼作料與手段」。旨哉斯言。從此之後，中餐化萬千味成一味，既失本色，當然沈淪，徒增遺憾。幸好許多有志之士，揚棄味精，努力發揚古味，致「百鮮都在一口湯」，仍在台港兩地，繼續傳承發揚，周氏地下有知，應感欣慰。

讀罷《知堂談吃》，但覺周作人所懷念的故鄉吃食，導入民俗風情，反覆所回味的，即是「淡」中饒滋味，苦澀有真趣，如啜苦茗般，非深深體會，無法究其奧。尤其在清茶淡飯裡，超脫現實局限，過得安貧樂道，將生活藝術化，這種審美執著，有如深谷足音，滌盡塵俗物欲，回歸人類性靈。

食經鼻祖陳夢因

關於食的定位，倡言「食是藝術，是人生最重要的藝術；人們自開始吮奶時，就懂得食的藝術，吮奶的嬰兒，換了奶頭，或換了別種經常慣吃的奶粉，馬上就引起反感，把奶頭吐出口來。因此可以說：人們的食的藝術是與生俱來的，也就是誰都應該懂得的藝術。如果連食都不大懂得，就未免虛負此生」的陳夢因如是說。

陳夢因，廣東中山人，在澳門出生。因家貧父早喪，小學尚未畢業，即當排字工人，藉以謀生養家。到了二十世紀三〇年代，出任新聞記者，相繼任職廣州及香港的《大光報》，早在八年抗戰前，因祕訪日本關東軍特務頭子土肥原二郎而一舉成名。抗戰期間，幾度出生入死，成了著名的戰地記者，所撰述的《綏遠紀行》，且與蕭乾的《流民圖》齊名，開戰地報導文學的先河。

一九三九年時，陳氏被剛創辦不久的《星島日報》網羅，直至六二年退休為止，先後任職日報及晚報總編輯。一生寫作不輟。率先用「大天二」的筆名撰寫「波經」。

所謂波，就是Ball，即球也。這個名為「水皮漫筆」的足球評論，雖是即時反映，也曾轟動一時，終究無法長久，早已不復記憶。繼之而起的「食經」，倒是因緣際會。一九五一年二月，陳已當總編輯，《星島日報》娛樂版為強化內容，編輯陳良光（一說是周鼎）想到老總精好粵菜，「食在廣州」之語不時掛在嘴邊，乃請他以「食經」為名開個專欄。陳就教前總編輯鄭郁郎，問：「值不值得寫下去？能不能寫下去？」鄭答以：「食之道亦大矣哉！怎不值得寫？寫起來，寫他三、五百年也寫不完。當「食經」寫到完時，所有人類也宣告完了。」夢因受此激勵，遂「老拙然之」，一發不可收拾，成一長壽專欄，盛譽至今不衰。

而筆名該怎麼取？陳因身為總編輯，天天要看「大樣」，加上曾任校對，故自嘲為「特級」的校對員，乃用「特級校對」作筆名。又，為了能務實，每次動筆之前，必親至菜市場，視察菜價民情，「長衫佬」食家的身影，構成了當年港島中環街市的一景。

由於「食經」能貼近市民生活，獲得廣大讀者回響，詢問信如雪片飛來。陳遂不斷被邀請到社團及中學演講，名酒家每遇盛事，亦邀請他當顧問。甫開台的香港電台，更不落人後，請他撰講一系列飲食營養節目，此即「空中」飲食欄目的創始，徹底將飲食融入港民的生活之中。

陸續結集十冊單行本的《食經》，絕非教人依樣畫葫蘆的食譜可及。因為此一食經的深度及水平，遠超過食譜不說，尤可貴者，它旨在講食物和烹調的道理，書中固然有譜，但「不是在講幾匙油、幾匙鹽，是講為甚麼要放油放鹽」，且他不斷強調：「如果有讀者以為讀了《食經》，跟足去做就可以弄出好菜，那你就會失望了。我講的是做菜的道理。」並說：「如果承認烹飪也是一種藝術，則按公式的分量，不一定會做得好菜。」畢竟，連他自己做得最爛熟的家常菜，「一不小心有時也會出了毛病，吃來並不如理想。因此做好菜之道，懂得了方法，還要多實驗，一次做不好，再做第二次」。唯有如此，始能工多藝熟，熟能生巧。

誠如夢因所言，他撰寫的「食經」，「本來是寫來玩玩的東西，完全沒有『藏之名山，留諸後世』的念頭」，更自謙自己根本不是專家，「而所寫的，也不過是食的一鱗半爪，誰料竟有不少『有同嗜焉』的讀者」。話雖如此，但無他的登高一呼，繼而群起響應，港味即使再好，檔次始終有待提升。

原來二十世紀五、六〇年代，香港縱貴為「東方之珠」，但在粵菜的文化和水平上，遠遜於根基深厚的廣州。「食經」專欄裡會談到兩地的差異，如〈香港不及廣州〉、〈粵菜特式〉等文，再從「食在廣州」汲取營養，落實於香港食界，經歷半個世紀，香港突飛猛進，成為「美食天堂」，陳氏推波助瀾之功，實在非同小可。

此外，「食經」內不光只有食材和做菜的道理，其最緊要的，還是「菜式背後的原理和故事」。之所以能如此，主因在出身記者的他，由於戰時採訪和宣傳抗日，「大江南北無遠不至，對各地飲食文化，頗有獨家而有趣的故事」，加上他有濃厚的歷史癖，自然熟悉廣州四大酒家的名廚，他們所擅長的拿手菜及獨門功夫，講來頭頭是道，似乎身臨其境。而為人豪邁仗義，兼且交遊廣闊的他，不論是軍政聞人、名流雅士以至販夫走卒，他們的家廚祕方，甚至是私房食制，他都有本事探訪出來，成為日後張本，難怪寫得到位，香江靡然風從，終能成其大而就其深。

特級校對不僅是食家，還是位烹飪方家，宴客每多親自下廚。當一九六七年僑居美國舊金山灣區後，得閒常漁（釣魚）獵，再炮製美味，邀親友共品。他半生做報人，習慣夜間工作，每屆邀宴前夕，就會通宵不寐，整晚舞刀弄鑊，準備拿手好菜。到第二天清晨，整席基本燒妥，他才下班、睡覺，然後養足精神，專待賓客共嘗。這種請客方式，也算別開生面。

而今的美食專欄或部落格，泰半以圖片取勝，鮮少文字敘述，即使有些著墨，每常不著邊際、讀之不知所云。誠然「在紙上談食，比『話梅止渴』更空洞而抽象」，惟其個中奧妙，非食家或饕客，勢難道出個所以然來。特級校對的「食經」專欄，竟一寫達十年，且以輕鬆幽默、深入淺出的手法侃侃而談，其間既有飲食掌故、行內祕聞和飲食潮流，還以街市的時令材料教讀者燒家常菜，「雖如家常話舊，說來卻娓娓動聽」。這等功力，譽為嶺南稱尊，絕非過譽之調。

饒是如此，這十集《食經》，特級校對在退休後，一直想原裝再版。惜乎時移勢異，香港的出版商對其中不少內容已成掌故，且無實用價值的《食經》，要求已異當年，以工具書為主，即使多方接洽，皆未成功出版，讓他賫志以歿。幸好得一高徒，才「山窮水複疑無路，柳暗花明又一村」。

他唯一收的弟子為江獻珠。江乃廣州大食家江孔殷（太史）的孫女，早年畢業於香港中文大學崇基書院，負笈留美後，獲商業管理學碩士，後在加州州立山河西大學任教，講授「中國飲膳計劃」，並在臥龍里學院教導中國烹飪。他倆之所以結緣，竟發生在一次為張發奎將軍的女公子所主持的中餐晚會。經介紹後，江方知眼前這位聲如洪鐘、雙目炯炯的老者，就是她心儀已久的特級校對。內心不勝之喜。又因住所相距甚近，得空便登門求教，從而受益良多，亦成一大方家。

特級校對授徒，從不親手示範，也不注重細節，但一談到要燒好某道菜，他則滔滔不絕，非但話題極多，同時不厭其煩，一遍一遍地講。在他的鼓勵及教導下，江正式向「食在廣州」的肴饌叩關，冀望承襲先祖太公領廣州食壇風騷的家風。

這席肴饌包括四熱葷、湯、四大菜、甜品和兩道點心。融太史第、四大酒家看板菜及一些美味於其中。特級校對在擬訂菜單後，並未動手指導，只將它的標準，交待一清二楚。例如鳳城蠔鬆這味，刀工要求精細，不拘主從各料，切得粒粒均勻，再依照其性質，分批先後下鑊（鐵鍋），所用油要適量，碟底不能留油，連包鬆的生菜，片片大小一樣，盛器不容馬虎，應與菜饌配合。如何達到水準，江得自己摸索。如此耳提面命，廚藝得以猛進，遂能繼其衣缽。

這對師徒親若父女，在二十年之間，不時切磋廚藝，亦常互做東道，往返港美兩地。由於陳夢因主觀極強，點子特多，加上刻意挑剔，江獻珠乃精益求精，絕不馬虎偷工，使陳無話可說。在教學相長下，好菜紛紛出爐。

自七九年江回港定居後，陳氏經常回港。他每次到來，一定要江特意為他燒一席菜，菜要有新款式，陪客由他選定，對江獻珠而言，真是一大挑戰。另，陳在舊金山組織一大餐會，每三月聚一次餐，陳常自訂菜單，設計新的菜式，再由江操刀俎，烹成道道佳肴，如此周而復始，口福真是不淺。

此外，為人豪爽，視宴客為樂趣的陳夢因，一旦得暇，即「喜大宴親朋，一召二、三十人，必親自下廚，從不以為苦，菜式雖非珍饈百味，但豐富而具新意」，其所組成的「大食會」，亦是每三個月敘餐一次，後「由舊金山中菜研究會會長梁祥師傅主持」，但所品享的，則是陳「每次在菜館宴客時，叮囑廚子照辦的好菜」，全是口授。那麼陳自己在燒菜時，又有哪些法寶？經江披露後，始公諸於世。

陳在自家冰箱的冰格內，「常備有四種鎮廚之寶，一有需要，隨時取用，不必臨時張羅。就算到菜館請客，亦把需用的『寶』帶在身旁，著廚子照他的指示用在菜饌上」。這四寶分別是：蒸豆豉、蒸蝦籽、大地魚茸和火腿茸。（註：其製法皆公布於《傳統粵菜精華錄》一書內，以文長，請自行參考）蒸豆豉常用於豆豉雞和豉汁排骨中，亦可與青豆、欖豉（烏欖角）合用，宜蒸海鮮（如三文魚頭腩），味極鮮冶香濃；蒸蝦籽用於豆類食品及瓜菜，風味頓增。大地魚茸的用途與蝦籽相若，金華火腿茸則是常用的提味和裝飾品，亦是製做「孫師母麵」的利器。

所謂「孫師母麵」，只是一款極普通的麵點。原來史學大師孫國棟在美國時，與特級校對過從甚密，暢談史事「歷歷如數家珍，每談必數小時。孫夫人何冰姿，亦常在旁細聽」，特級校對必備午餐款客，有次烹製一款乾麵，只在麵條上加一撮火腿茸，極得孫夫人激賞，日後孫氏伉儷每次造訪，陳氏必奉此麵，其名不脛而走。

此麵用山東乾麵煮滾過，置冰水過河，待瀝乾後，回鑊加火腿高湯及油鹽拌勻裝盤即成。所添的麵碼，用火腿茸、大地魚茸、蝦籽，甚或是蒸軟干貝皆可，其味「各有千秋」，但火腿茸最佳，以白中綴紅英，色相最美。我居家撰稿時，常吃盤麵打發一頓。年方十六的女兒，即常用關廟乾麵如上法製作，麵碼則是台北孫大姐的XO醬及屈尺「二八工作室」的精煉辣醬。整個拌勻而食，白裡透紅，微辣極香，吸吮立盡，過癮之至，其滋味較之於「孫師母麵」，應不遑多讓。

「宋公明湯」是陳從《水滸傳》中宋江所飲的醒酒魚湯中，所衍伸而出的一款魚湯，另名「加辣點紅白魚湯」。湯中的魚用鯽魚，「白是豆腐，紅是紅辣椒，辣的味道用胡椒，酸則用酸柑以代醋」。由於宋江喝完湯後再食魚，特級校對不嘗這尾煮過湯的魚，而是「另加一條煎好的魚在湯內供食」。他居住在美時，最愛飲此湯，不但家常食用，也會用於宴客。其妙處一方面固然是「用料廉宜，既酸且辣，有醒胃作用，還可以解酒」，他方面則是它本身是個有趣的話題，能增添用餐的情趣。

燉金銀蹄是揚州的傳統名菜，《紅樓夢》第十六回中載此味。又，清代飲食名著《調鼎集》亦收二法，金蹄為火腿尖，銀蹄則是鮮豬蹄尖或醉豬蹄尖。揚州當地俗諺並云：「頭伏火腿二伏雞，三伏吃個金銀蹄。」特級校對的金銀肘子異於此，據稱其構思來自廣州的「白雲豬手」，火腿肘子與新鮮的豬肘子要分別處理，雖然食材簡單，但做起來極費工，「肘子既煮又沖，沖完又煮，工序奇繁」，乃他自認的「得意之作」，每次燒這道菜，必不厭其煩地向賓客介紹，人不堪其擾，他不改其樂，真是有意思。

因此，「人人耳熟能詳」的金銀肘子，即使好吃到不行，客人仍純欣賞，「肯如法炮製的十中無一，連酒樓的大師傅也不願做這個菜」，自他仙去之後，恐成廣陵絕響。其實，此饌最特別處，在於為「求美觀，可將豬肘子出骨，中央留空，火腿肘子亦出骨，插在豬肘子中央空位，使成一雙層肘子上碟，四周伴以青菜，淋下原汁供食」。賣相果然甚佳，而且爽糯不膩，不愧頂級上饌。

特級校對一貫主張：有譜無經（道理），既不可用，更不可讀。對於唯一的弟子全心撰寫食譜之舉，深感大謬不然，更「賜」給光會教烹飪寫食譜的女士們一個不甚尊敬的外號：「食譜師奶」。

然而，他後來還是破了戒，在撰〈蒸肉餅與廚師考試〉一文內，詳述豆豉肉餅、清蒸海鮮（指黃腳鱲，喜啄食牡蠣，魚頭味尤美，乃近海魚上品）和酥炸生蠔的用料量和做法。只是文中仍有大量講經及食味的部份，讀之頗有趣，我個人對吃來嫩、爽、甘、香、滑、鬆而不膩的肉餅最感興趣，一向喜歡吃，且愛不釋口。我的岳母為香港人，擅蒸鹹魚、鹹蛋、梅菜等肉餅，我每食而甘之，故體會特別深。

在讀完本文後，方知其中之奧妙，並了解早年廣州和香港的買辦和富戶，他們雇用新家廚的指定菜式之一，居然就是包括多方面技術，如選料、刀章、火候等的肉餅，且從其「色、香、味、時的表現，便可窺見廚師烹調的造詣和興趣」。以上種種，在在證明蒸肉餅這隻最普通的家常菜，食之為用大矣哉！尤精采者，它的副作料甚多，選什麼當副作料，還會因時因地而異。這些副作料除以上列舉的以外，尚有醬瓜和魷魚等，說成族繁不及備載，一點也不誇張。

江獻珠遷回香港後，結識《飲食世界》雜誌的創辦人梁多玲（即梁玳寧，譽陳為「食經鼻祖」），江以經驗不足，不敢貿然答應其約稿，陳夢因為她打氣，每月「陪」她撰文一篇。轉眼二十載過去，夢因停寫多年，江則意欲封筆，陳期期以為不可，鼓勵她繼續寫，並認為「寫作乃終生之事，應存有一日寫一日之心，若一停筆，腦子不獨生鏽，飲食生涯也就完結」，即使已輾轉病榻，仍訓誨江必需寫下去。其關愛之情，盡在不言中。

特級校對真的有職業病，「平素最恨人寫錯字，因他字跡潦草，校對不慎出錯，使其極其生氣」，竟停寫《飲食世界》的稿，所幸內容已多，先後出版《金山食經》、《鼎鼐雜碎》二書，大有功於食林，後合為一集，取名《講食集》，由天津百花文藝社出版。另，酒家把「裙翅」寫成「群翅」，「包翅」寫成「鮑翅」，讓他大發牢騷。而六耳之一的石耳缺貨，他更直斥愛徒，不應濫用「鼎湖上素」（註：其食材有三菇、六耳）的菜名，認真之處，簡直到了吹毛求疵的地步。

發揚光大「食在廣州」時代的風氣及細批粵菜的前世今生，一直是特級校對心中的一個理想，為了提高飲食藝術，終以垂老之年，完成《粵菜溯源錄》一書。觀其內容，誠如與他認識一甲子的星河所言：「不只有相當高的知識性、技術性與趣味性，也為飲食業之弘揚、開拓，提供了若干可參考的繼承資料。」想要精通粵菜，卻未勤研本書，將如霧裡看花，僅得皮毛而已。

又，〈西人為什麼說「吃在中國」〉確實是篇絕妙好文，引言更說得好，指出：「中國菜的最高祕密是氣味的調配，時下中菜多中看不中吃，由於割烹偏重於色與形，長此下去，西人會說『吃不在中國』。」這話切中時弊，當下去長就短，競以「創意」是尚，好像行屍走肉，重那虛空外表，少了氣味調和，真不知在吃啥？最後的結語亦好，明確表示：「中餐業在外邦落地生根，並非色與形優於他國，而是看不見、摸不著的氣與味的調配，使人『食而甘之』。時下中菜割烹偏重色與形，致多中看不中吃，是『吃不在中國』的訊號。」

而為說明中菜在氣味的調和上，「已比西方世界先進了若干年」，他曾舉二例以然其說。一是「菜肴中底氣的去、留、加、減，視乎需要如何效果。雲南的汽鍋，為了菜肴的存氣而創製。福建的『燉雞』，還置一小杯紹酒在燉器裡雞的上面，加蓋後再用紗紙密封，然後燉若干時間。廣東菜的『清燉北菇』，也是先把紗紙密封已放置作料的燉器，全因重視菜肴的氣底效果」；其二則是「炸雞、焗雞、燒雞等，很多美國人會做」，但他們肯花高價吃中國菜館做的飼料雞，只為能「去腥、臊，鮮味且較好，功夫在一個醃字或芡字」。明乎此，西人說吃在中國，「也不是完全無根據的」。

幸好皇天不負苦心人，特級校對念茲在茲想要整套重印的十小冊《食經》（註：

白門秋生云：「最合理想的烹飪讀物。」），終於在二〇〇七年由香港的商務印書館分成《平常真味》、《不時不食》、《烹小鮮如治大國》、《南北風味》和《廚心獨運》五冊，一次出齊，總書名仍是《食經》。而天津的百花文藝出版社亦在我的大力推薦及促成下，分成上下兩巨冊出版。他如地下有知，當可含笑九泉。

總之，畢生致力推廣飲食文化的陳夢因，活躍美、港兩地，堅持品味至上，絕不譁眾取寵，兼且化凡材為珍饈，所言皆有至理存焉。縱使「典型在夙昔」，絕對「古道照顏色」，所留予後人的，是真正的食「經」，而非妝點的食「譜」，既已全部和盤托出，就待閣下領會參悟。

附記

十餘年前，江獻珠女士和夫君陳天機博士一起自美返港，美食家劉健威招待他們在「留家廚房」食飯，由其公子劉晉親炙，菜色主要出自陳、江師徒合著的《古法粵菜新譜》，共二十五位與席，健威兄特地安排我和這對飲食巨擘共桌，並坐主位，彼此相聊甚歡。陳博士還邀我和內人去他們舊金山的宅第遊玩，共品美味珍釀。可惜兩個月後，驚聞江獻珠女士過世。巨星殞落，賢人其萎，初相見即永訣，內心不勝唏噓，是為記。

汪曾祺品吃格雋

中國人好吃，加上有些「文人愛吃，會吃，吃得很精；不但會吃，而且善於談吃」。同時作家中亦不乏烹飪「高手」，即使捲袖入廚，亦可咄嗟立辦，「顏色饒有畫意，滋味別出酸鹹」。放眼當代文壇，既會舞文弄墨，也會舞刀弄鏟，深諳其中奧妙，又講得出個所以然的翹楚，恐非汪曾祺莫屬。

汪曾祺，江蘇高郵人。他出身自一個亦農亦醫的士紳世家，從小就接受良好的教育，打下深厚的舊學功底。祖父是清朝末科的拔貢，有過功名，開過藥店，當過眼科大夫。父親汪菊生，字淡如，多才多藝，熟讀經史子集，通曉琴棋書畫，亦愛花鳥魚蟲，不但是個擅長單槓的體操運動員，還是一名足球健將，也是個孩子王。汪氏在氣質、修養和情趣上，繼承其父衣缽；而審美意識的形成，則與他從小看父親作畫有關，耳濡目染，受益甚深。基本上，他不僅成長在一個無憂無慮的小學時代，且有一個天真浪漫、幸福快樂的金色童年。這對他日後以故鄉為背景，完成一連串感人肺腑的作品息息相關，甚至他的小說和散文的風格，都可以從他的童年生活中找到索引，留下深刻的印痕。

身為典型的中國文人，汪氏的詩書畫，號稱三絕；作為優秀的作家，他小說、散文、詩歌、戲劇（包括戲曲）等多種技藝的創作皆能。數量談不上驚人，卻猶似篇篇珠璣，可使人玩味無窮。尤其他首創以散文、隨筆的手法，所寫出的小說，在疏放中透出凝重，於平淡中顯現奇崛，虛實相生，情景交融，神韻靈動淡遠，風致清逸秀異，流露詩情畫意，尋根味道濃厚，引起廣大回響。

汪氏的書畫，底子深厚，他亦以此自娛娛人。在書法方面，奠基於〈圭峰禪師碑〉、〈多寶塔碑〉及〈張猛龍碑〉。他亦愛讀帖，喜歡晉人小楷及北宋四家（即蘇軾、黃庭堅、米芾、蔡京或蔡襄），得其筆意。是以他的字，筆觸疏朗清淡，望似隨意而為，卻能心手俱到，紙墨相應而生，沈浸玩味其中，可以寵辱全忘。我初見其書法，即覺得與〈韭花帖〉相近，後讀他的〈韭菜花〉一文，才知道他很喜歡五代楊凝式的字，尤其是〈韭花帖〉，足見心意相通。

而在畫這方面，他未正式學過，謙稱「只是自己瞎抹，無師法」，要說是有，就是徐青藤、陳白陽和石濤。同時，他「作畫不寫生，只是憑印象畫」，並以「草花隨目見，魚鳥略似真」自況。其實，他的寫意畫，就是中國獨有的文人畫。作畫者學養深厚，常有神來之筆。因此，它充滿隨意性，不能過事經營，畫得太過理智。汪自言其作畫「大體上有一點構思，便信筆塗抹，墨色濃淡，並非預想」，而且「畫中國畫的快樂也在此」。他曾請人刻了兩方閒章，刻的是陶宏景的兩句詩：「嶺上多白雲」，「只可自怡悅」。由此亦可看出他的性情曠達及閒情逸致的一面。

儘管汪氏在書、畫兩者皆是業餘的，但其不事斧鑿、渾樸自然的筆風，觀之使人動容，這種別樣才情，足列名家之林。

作為一種藝術風格，汪曾祺的小說和散文尤受人青睞和驚豔，其專業的程度，更在書、畫之上，為文可見其人。他曾打趣寫道：「文章秋水芙蓉，處世和藹可親，無意雕言琢句，有益世道人心。」短短的四句話，已概括其平生。

汪曾祺的小說，早期以《雞鴨名家》為代表，被譽為爐火純青。到了花甲之年，厚積薄發，佳作不斷，六十歲發表的《受戒》，轟動一時；六十一歲刊登的《大淖記事》，傳詠四方。此二篇章，竟溢著「中國味兒」，非但開創了「八〇年代中國小說新格局」，進而造就了鋪天蓋地的文學大潮。使他歷來主張短篇小說應有散文成分得到認同，並打破了小說、散文和詩歌的界限，有如荷花露珠，令人耳目一新。既承襲乃師沈從文的風格，重擎「京派小說」的大纛；又以自己人生坎坷的際遇，另注入平淡沖和、詩情畫意的審美觀。竟使這種新鮮感，益發賞心悅目，完全與眾不同，得到文壇的普遍讚譽。

比較起來，我更愛汪氏的散文。他受到明代古文家歸有光的影響極深，歸擅長以清新的文筆，寫平常的人事，親切而悽婉，好似話家常。其文章結構的「隨處曲折」，更讓汪體會深刻，提出「苦心經營的隨便」。而在語言的運用上，汪則主張：「對於生活的態度，於字裡行間自自然然地流出，即注意語言對於主題的暗示性。」於是乎有人說他的散文，「一方面追求生活語言的色、香、味、活、鮮，令人感到清新自然，另一方面講究文學語言的絕、妙、精、潔、雅，令人讀來韻味悠長」。

汪氏的散文作品，描寫得最成功的，首在飲食，其次是遊記。且遊記中所言及的飲食，亦占一定比例，最足一再玩味。

高郵位於京杭大運河的下面，是個水鄉澤國，極富水產。據汪曾祺的描述：「魚之類，鄉人所重者為鯿、白、鯚（鯚花魚即鱖魚）。蝦有青、白兩種。青蝦宜炒蝦仁，嗆蝦（活蝦酒醉生吃）則用白蝦。小魚小蝦，比青菜便宜，是小戶人家佐餐的恩物。小魚有名『羅漢狗子』、『貓殺子』者很好吃。高郵湖蟹甚佳，以作醉蟹，尤美。高郵的大麻鴨是名種……大麻鴨很能生蛋，醃製後即為著名的『高郵鹹蛋』。高郵鴨蛋雙黃者甚多。」寥寥數語，已勾勒出他的故鄉美味。而在其他的美食篇章裡，鱖魚、嗆蝦、醉蟹、鹹鴨蛋等都成了主要的描述對象，平中顯奇，淡中有味。劇作家沙葉新評價他的作品為「字裡行間有書香味，有江南的泥土芳香」，這雖不足以盡其美食文字之妙，但雖不中亦不遠矣。畢竟，汪氏所寫的飲食，包羅萬有，有如在大地中尋出的源頭活水，更有切身的體會，還有飽覽群籍的學養在內。

大體說來，汪曾祺之於吃，有三樣基本功，樣樣精采，人皆難及。那就是寫吃，說吃及燒菜。這三者皆可分別呈現，也會融合於無形，刀（註：筆亦為刀）火功深，令人心儀。

就寫吃而言，汪氏以故鄉、雲南、北京、邊疆等地為主軸，兼談一些古典，如〈宋朝人的吃喝〉等，宜古宜今外，又通貫今古，像是在閒聊，在不經意間，卻流露出淡雅而博學的文化氣息，讓我百讀不厭。其名篇如〈四方食事〉、〈五味〉、〈故鄉的食物〉、〈故鄉的野菜〉、〈昆明的吃食（菜）〉、〈菌小譜〉、〈家常酒菜〉、〈食豆飲水齋閒筆〉等，篇篇膾炙人口，展卷即難釋手，進入審美境界。

汪氏的吃，取徑既廣，也勇於嘗試。他曾自負地說：「我是個有毛的不吃撣子，有腿的不吃板凳，大葷不吃死人，小葷不吃蒼蠅的。」還說自己「誇口什麼都吃」。當他去北京時，老同學請他吃了烤鴨、烤肉、涮羊肉，便問：「敢不敢吃豆汁兒？」這可激起他的鬥志，說：「有什麼不敢？」兩人到了家小吃店，要來兩碗，並警告說：「喝不了，就別喝。很多人喝一口就吐了。」汪端起了碗，幾口就喝光，老同學忙問：「怎麼樣？」他則說：「再來一碗。」短短幾句，豪情畢露，看了痛快。

不過，他的敢吃，起先仍有盲點，像香菜和苦瓜，就不動筷子，也挨了兩次捉弄，後來全吃了。日後心有所感，還寫下了「一個人口味要寬一點、雜一點，『南甜北鹹東辣西酸』，都去嘗嘗。對食物如此，對文化也應該這樣」的至理名言。此外，又單從苦瓜中產生聯想。希望老作家們口味雜些，不應偏食，「不要對自己沒有看過的作品輕易地否定、排斥」。對於一個作品，也可以見仁見智，「可以探索其哲學意蘊，也可以蹤跡其美學追求」。這種開闊的胸襟和精闢的見解，深值吾人佩服。

若說汪氏在飲食上的缺憾，就是在江陰讀書兩年，「竟未吃過河豚，至今引為憾事」。至於他的最愛，則是自認「天下第一美味」的醉蟹和存其本味的嗆蝦。在愛屋及烏下，寧波凡是用高粱酒醉過的梭子蟹、黃泥螺、蚶子、蟶鼻等，他都很喜歡。倒是有樣東西，他即使很「敢吃」，但也招架不住，那就是貴州的「者耳根」(它又名「則爾根」，即魚腥草)。對於它的苦，汪倒可以消受，只是碰上那強烈的生魚腥味，實在沒法度了。

看汪曾祺寫的吃，特別過癮，像「臭豆腐就貼餅子，熬一鍋蝦米皮白菜湯，好飯！」；「扦瓜皮極脆，嚼之有聲，諸味均透，仍有瓜香」等是，前者直抒性情，後者描繪傳神，都很耐人尋味。尤使人期待的，似此如珠妙語，書中比比皆是，一旦沈浸玩味，上手必難放下。

總之，素有美食家之稱的汪曾祺，他每到一處，不食會議餐，而是走小弄，去偏巷尋寶，品嘗那地方風味和民間小食，陶醉其間，自得其樂。也深知飲食的個中三昧，用生花妙筆點染，提升其意涵及境界，讓人津津樂道不已。

另，從說吃觀之，汪亦非比尋常。作家洪燭指出：有幸與「汪曾祺吃飯，在座的賓客都把他視若一部毛邊紙印刷的木刻菜譜，聽其用不緊不慢的江浙腔調講解每一道名菜的做法與典故，這比聽他講小說的做法還要有意思」。可見汪氏說吃的淵博，一經娓娓道來，即可深中肯綮，緊緊扣人心弦。而香港作家張守仁，則道出他這方面的實證功力。原來他們在雲南採風的旅途上，凡用餐時，汪坐哪一桌，張和淩力、陸星兒、黃蓓佳等女作家就挨哪一桌，都想擠坐在汪旁邊，見汪舉筷夾什麼菜，他們即依樣畫葫蘆，準能吃到真正美味。而且，汪的味蕾絕佳，能品嘗出各種酒菜之香氣和味道間極細微的差別，並說出其關鍵所在。因此，同行的作家們對他產生莫名的「個人崇拜」。結果，飯桌上常出現有的菜一掃而光，有的菜卻乏人問津的情景。為此，服務人員常感納悶，搞不清楚倒底是怎麼回事。

最後要談的是汪曾祺的燒菜本事及如何樂在其中。

二十世紀五〇年代時，北京藝文界公認最會燒菜的，乃汪的死黨林斤瀾，以燒製溫州菜「敲魚」聞名，家裡吃菜的品種也多樣化。照汪另一摯友鄧友梅的說法，汪家此時「桌上經常只有一葷一素。喝酒再外加一盤花生米」。那時期，汪曾祺常做的拿手菜，就是「煮干絲」和「醬豆腐肉」。

等到文化大革命後期，汪的烹調手藝大有長進。有次他們三個人小敘，汪已獨當一面，「冷熱葷菜竟擺滿一桌子。雞粽，鰻魚，釀豆腐，漲蛋，肘子……雖說不上山珍海味，卻也都非平常口味」。從此之後，汪更上層樓，成為《中國烹飪雜誌》的特約撰稿人，邀稿之約不斷。

汪雖然會做冰糖肘子、腐乳肉、醃爊鮮、水煮牛肉、乾煸牛肉絲、冬筍雪里蕻炒雞絲、清蒸輕鹽黃花魚、川冬菜炒碎肉這些菜，只是「大家都會做，也都是那個做法」。所以，對他而言，沒啥稀奇。反而他自以為是絕活的，則是以下四種：

一、干絲。這道淮揚菜，以刀工著稱。由於北方無大白豆腐干，汪乃以豆腐片代替，但須選色白，質緊，片薄者。切成極細絲，用涼水拔二、三次，去其鹽鹵味及豆腥氣。其吃法有拌及煮兩種。汪以煮見長，「上湯（雞湯或骨頭湯）加火腿絲、雞絲、冬菇絲、蝦籽」等同熬，接著「下干絲，加鹽，略加醬油，使微有色，煮兩三開」。臨吃之際，多加點薑絲，即可上桌供食。美籍華裔作家聶華苓有次在汪府用餐，吃到開心時，竟「最後連湯汁都端起來喝了」，其誘人處，由此即可見其一斑了。

二、燒小蘿蔔。品嘗這隻菜，還得運氣好。因為北京的小水蘿蔔一年裡只有幾天最好。「早幾天，蘿蔔沒長好，少水分，發艮，且有辣味，不甜；過了這幾天，又長過了，糠」。此蘿蔔不可去皮，斜切成薄片，再切為細絲，而且愈細愈好。再加點糖略醃，即可裝盤。在享用之前，澆上三合油（醬油、醋、香油），如拌以海蜇皮絲，益妙。台灣作家陳怡真拜訪汪府，指名要汪做菜，汪燒了幾個菜。此時正值小蘿蔔最好的時候，乃變個法兒，用干貝燒製，陳氏吃了，「讚不絕口」，從此之後，名聞遐邇，有口皆碑。

三、拌薺菜、菠菜。將薺菜焯熟，「切碎，香干切米粒大，與薺菜同拌，在盤中用手摶成寶塔狀。塔頂放泡好的海米，上堆薑米、蒜米」，另將好醬油、醋和香油放在茶杯內。待「薺菜上桌後，澆在頂上」，末了把薺菜推倒，整個拌勻，即可下筷。此乃佐酒妙品。此菜亦可以菠菜入替，亦甚佳美，「清饞酒客，不妨一試」。可惜北京的薺菜不香，汪乃在幾位作家中推廣拌菠菜，居然「凡試做者，無不成功」。汪氏此舉，可謂造福饕客，功在食林。

四、塞肉回鍋油條。把油條的兩股拆開，切成寸半長的小段，用手指將內層掏出空隙，再拌好豬肉（肥瘦各半）餡。餡中加鹽、蔥花、薑末，亦可添榨菜末、醬瓜末或冬菜末等，下油鍋重炸，俟肉餡已熟，即撈出裝盤。由於回鍋油條極酥脆，嚼聲或可驚動十里人。而這隻菜，任何食譜不載，乃汪本人首創，他更自鳴得意地說：「這是我的發明，可以申請專利。」

誠如汪曾祺的兒子汪朗所言：汪「寫東西很隨意，吃飯卻講究，除了書畫，有空就琢磨『吃吃喝喝』的事兒。」眼尖的讀者應可發現，汪的前三道菜，都是「粗料細做」的家常菜，沒有閒情逸致，加上專注有恆，根本做不來的。

此外，汪朗憶及林斤瀾和鄧友梅常結伴到汪家「蹭」飯吃，每逢此日，汪必一早起來準備，「冰糖肘子、紅燒鯽魚……一直忙活到晚上。酒擺上來，冷碟過後，必然是一大盆煮干絲」，最後則是每人一碗揚州炒飯，內容相當豐盛。

又，據汪自家悟出來的道理，乃「家常酒菜，一要有點新意，二要省錢，三要省事。偶有客來，酒渴思飲。主人捲袖下廚，一面切蔥薑，調佐料，一面仍可陪客人聊天，顯得從容不迫，若無其事，方有意思。如果主人手忙腳亂，客人坐立不安，這酒還喝個什麼勁！」若非老於此道，豈能如此悠哉，進而舉重若輕，不愧調鼎好手。

汪曾謂：「做菜的樂趣第一是買菜，我做菜都是自己去買的。……我不愛逛商店，愛逛菜市。看看那些碧綠生青、新鮮水靈的瓜菜，令人感到生之喜悅。」唯有親自選料，才能盡物之用，燒出得意之作。而他尚有一大樂趣，就是看著家人或客人吃得高興，「盤盤見底」。並借題發揮，自我調侃地說：「願意做菜給別人吃的人是比較不自私的。」

至於怎樣提升燒菜水平，汪認為「做菜要有想像力，愛捉摸，如蘇東坡所說：『忽出新意。』」基於此點，他的看法倒很直接，說：「民以食為天，食以味為先。名廚必須有豐富的想像力，不能墨守成規，要不斷創新，做出新菜來。照著菜譜做菜，不會有出息。特級廚師應有特等獨創性，應有絕招、絕活。」凡具備基本功夫，且不斷試驗淬煉，加上靈犀一點，便可高人一等，光輝照耀食林。

有趣的是，而今所謂的「汪氏家宴」，居然與（秦）少游宴、（鄭）板橋宴、梅蘭（芳）宴，合稱「揚州四大名人宴」。綜觀這席汪氏家宴中，有冷菜七碟、熱菜六品、湯菜一隻。另有其他菜肴二十種。全是汪曾祺在文章中提及的菜肴，再結合高郵當地菜肴所製成的。搞得沸沸揚揚，祇為觀光實益。而汪的小孫女從小跟在爺爺旁邊，看了這個菜單，不禁問道：「裡面那麼多菜，我怎麼都沒見過？」說穿了，「所謂飲食文化，不過就是拿著文化賣飲食」。汪曾祺生前曾勸人口味要「寬一點、雜一點」，沒想到打他旗號的「家宴」，卻是個雜牌軍，什麼都來一下。他若地下有知，不知做何感想？

講句老實話，汪氏的美食文章，雖平淡無奇，頗類似菜譜，卻能處處流露出人間的至情至性，讓人無限嚮往。尤有甚者，這些文字「從平淡中見出奇妙之味，從大俗中體會儒雅之風」，甚至「品前人未能鑑別之味，發後人趨其之口」。作家丁帆亦指出：

「從中，我們品嘗到了江南的文化氛圍，品嘗到了那清新的野趣，品嘗到了詩畫一般的人文景觀，品嘗到了人類對美的執著追求中的歡愉。」接連四個品嘗，好像回味無窮，卻又搔首弄姿，未道出個所以然來，還不如說他具備「士大夫的趣味，平民的情懷」來得真切有味，「看似尋常卻奇崛」。

汪曾祺除了好吃外，好菸，好茶兼且好酒。菸和茶皆有佳文傳世，唯獨那杯中物，竟無隻字片語。鄧友梅曾說「曾祺嗜酒，但不酗酒。四十餘年共飲，沒見他喝醉過……從沒有失過態」，或許少了點勁兒，無法「斗酒詩百篇」，實乃酒國憾事，亦是文壇憾事。

附記

甲辰年夏天，應「海峽同福，敘寫未來」兩岸作家筆會之邀請，赴福州參加文學活動，並與王干先生在「船政學堂」一起作美食主題演講。王干為著名評論家，曾出版《汪曾祺十二講》及《人間食單》二暢銷書，極受讀者歡迎。他是江蘇泰州人，我的祖籍靖江（現已劃歸泰州），算是小同鄉了。我們聊得投機，留下連絡方式。後來九州出版社出版拙著《心知肚明》，我請主編寄樣書給他。該書是我首徒李昂寫的序，而她曾去汪府吃過兩次飯。因食而結緣，實樂莫大焉。

梁實秋文士雅吃

《禮記．學記》在論及「進學之道」時，曾指出：「善待問者，如撞鐘，叩之以小者，則小鳴，叩之以大者，則大鳴。待其從容，然後盡其聲。」以上這些話，用來比喻讀《雅舍談吃》，最貼切不過。率性而讀，固然輕鬆活潑生動，可以增添生活樂趣；精心研究，也能周知飲食風尚，充分理解食的文化；如果置諸案右，從容不迫讀之，自可含英咀華，享那典雅之味，以及味外之味，進而得其真味，然後盡食之妙。

梁實秋，本名梁治華，以字行，一度以秋郎、子佳為筆名。畢生致力文學，其領域極寬廣，除任教大學外，亦曾翻譯《莎士比亞全集》及主編《遠東英漢辭典》。作品中最膾炙人口的，則為《雅舍小品》和晚年的力作《雅舍談吃》，不僅在文壇上領風騷，更在食林裡樹一幟，高雅之中透雋永，自成一迷人風格。

梁氏文筆簡潔，充滿著節奏感。此得力於他在清華學校時的業師徐鏡澄。徐告訴梁說：「文章，尤其是散文，千萬要懂得割愛。自己喜歡的句子，也要捨得割愛。」

而梁的文章，每次交上去，常有三、四千字，徐則大筆一揮，只剩四百餘字。一旦老師發下來，梁就會重抄一遍，自己在閱讀後，感覺「乾淨、簡潔有力，而且文字有生氣、有力量」。經此淬鍊，受益獨多，從此之後，文字精粹，絕不堆砌。

此外，梁實秋的作品妙在「善於融匯」，既有「中國文言小說的典雅，復有英國散文隨筆的閒逸，又兼美國報刊散文的詼諧幽默」。同時，他的小品文中，文言、白話並存，方言、俚語互用。是以在小小篇幅內，錯落有致，活潑多樣，倍感親切，特別耐人尋味，而且百讀不厭。

又，散文評論家鄭明娳對《雅舍小品》的文字特點，表示梁「慣常使用類疊修韻法，不論是字詞運用，或是隔離的類疊都非常多。這些類疊的字詞又參入對偶及排比的句型中，從這些句型裡，我們可以再發現一個特色，就是極善運用短詞製造節奏感，短詞中，以四字詞的使用率最高。」說明梁文在大量四字詞的運用下，搭配其他長短句，非但令文句的形式有變化，且結合類疊、排比及對偶的修辭技巧，自然表現出其特有的節奏感。鄭並對梁文的說理方式，給予高度肯定，指出：梁實秋「善於把道理從反面或側面、高處或底處切入，再襯出正題，把道理折來疊去，詭譎而富有情趣。」在齊頭並進又相互呼應下，更增添文章跳躍的動感來。

以上所言，純就技法來探討。然而，《雅舍小品》最令我動容的，反而是對人性的描寫和自家的態度。描繪人性百態，寫活社會世相，生活周遭的事物，皆深入觀察思考，且出以隨遇而安，將生活當作藝術，充分享受著人生。

《雅舍小品》固然精采絕倫，但我個人最愛的，仍是梁氏談吃的文章。早在《雅舍談吃》結集前，他已寫了一些有關吃的散文，文字生動幽默，內容蘊含哲理，加上明達通透，讀後回味無窮。像談〈饞〉、〈吃〉和〈吃相〉這幾篇，堪稱其中翹楚，咀嚼之後，餘味不盡。

一聊到饞，梁實秋見解不凡，認為它「著重在食物的質，最需要滿足的是品味」，因而「上天生人，在他嘴裡安放一條舌，舌上還有無數的味蕾，教人焉得不饞」？且基於此一生理的要求，「也可以發展出近於藝術的趣味」。

況且「人為了口腹之欲，不惜多方奔走以膏饞吻，所謂『為了一張嘴，跑斷兩條腿』」，因此，「真正的饞人，為了吃，決不懶」。而人最饞的時候，則是「在想吃一樣東西，而又不可得的那一段期間」。更有甚者，中國人特別饞，北平人尤其如此，但從未聽說有人饞死，或為了饞而傾家蕩產的，究其因，應是「好吃的東西都有個季節」，只要逢時按節享受，絕對會因「自然調節而不逾矩」。

比方說，北平人講究「開春吃春餅，隨後黃花魚上市，緊接著大頭魚也來了，恰巧這時候後院花椒樹發芽，正好掐下來烹魚。魚季過後，青蛤當令。紫藤花開，吃藤蘿餅，玫瑰花開，吃玫瑰餅；還有棗泥大花糕。到了夏季，『老雞頭才上河喲』，緊接著是菱角、蓮蓬、藕、豌豆糕、驢打滾、愛窩窩，一起出現。席上常見水晶肘，坊間唱賣燒羊肉，這時候嫩黃瓜、新蒜頭應時而至。秋風一起，先聞到糖炒栗子的氣味，然後就是炮烤涮羊肉，還有七尖八團的大螃蟹。『老婆老婆你別饞，過了臘八就是年』。過年前後，食物的豐盛就不必細說」。短短的一段話，就把天子腳下的人的饞，一年四季，周而復始，描寫傳神，饞不可當。

最後，梁以為「饞非罪，反而是胃口好、健康的現象，比食而不知其味要好得多」。其論述之精闢，確為如椽巨筆。

另，一提到吃，梁氏見地精闢，指出講究的吃，「其中有藝術，又有科學，要天才，還要經驗，盡畢生之力恐怕未能盡其妙」，而且中國人講究吃，「是世界第一」，可是最善於吃的，不是富豪等級，卻是破落旗人。從前這些旗人，生活在北京城，「坐享錢糧，整天閒著，便在吃上用功，現在（指二十世紀二、三〇年代）旗人雖多中落，而吃風尚未盡泯」，甚至只有「四個銅板的肉，兩個銅板的油」，總能「設法調度，吃出一個道理來」。

再說「單講究吃得精，不算本事」，中國人肚量特大，「一桌酒席，可以連上一、二十道菜，甜的、酸的、辣的，吃在肚裡，五味調和」，且不吃到「頭部發沉，步履維艱」

的程度，「便算是沒有吃飽」，雖然後段有反諷意味，所言似吻合實情，放諸當下仍皆準。

至於〈吃相〉這篇，講得更是透徹，從東西方飲食文化、器皿和方式各異寫起，涵蓋用餐習慣、禮儀之有別，歸結到人生的態度，是篇絕妙好文。文中提到用餐當兒，「在環境許可的時候，是不妨稍微放鬆一點。吃飯而能充分享受，沒有什麼太多禮法的約束，細嚼慢嚥，或風卷殘雲，均無不可，吃的時候怡然自得，吃完之後抹抹嘴鼓腹而遊」，像這樣的樂事，才有適意可言。他並舉出二例，一在北京「灶溫」，一在青島寓所，望見一些勞動階層們，痛快淋漓地吃，不禁心有所感，乃以「他們都是自食其力的人，心裡坦蕩蕩的，餓來吃飯，取其充腹，管什麼吃相！」作結，信手拈來，流露人道精神，比起那些矯揉造作、或是矯枉過正的禮教規範，不啻暮鼓晨鐘，足發吾人深省。畢竟，人生在世，何必太拘。

梁實秋的家世，雖非望族豪門，卻是詩禮傳家，書香門第。而他的成長背景，註定要成為食家。父親開設北平的著名餐館「厚德福」，母親擅長烹調，加上自己嘴饞，有特殊的際遇，因而吃遍大江南北。晚年思鄉情切，懷念以往種種，除寫下〈疲馬戀舊秣，羈禽思故棲〉和〈談《中國吃》〉等絕妙好文外，更在《聯合報》和《中華日報》的副刊上，撰寫談吃的文字，文章一經刊出，即轟動海內外，後來結集成冊，名為《雅舍談吃》。

梁母為杭州人，燒菜精細，刀火功高，本身「愛吃火腿、香蕈、蚶子、蟶乾、筍尖、山核桃之類的所謂南貨」，梁文提到的核桃酪、魚丸和粥等，都是她拿手的。據梁實秋的敘述，因為家中有廚子，所以她不下廚房，只有經梁父要求，並採買魚鮮筍蕈之類回家，才會「親操刀砧」，即便如此，「做出來的菜硬是不同」。這種媽媽的味道，尤讓他深烙腦海。當他十四歲入清華學校就讀時，每週只准回家一次，除去途中往返，在家能從容就食的，僅有午餐一頓，梁母知其所好，特備一道美味，即炒「一大盤肉絲韭黃加冬筍木耳絲，臨起鍋前加一大勺花雕酒」。而這「菜的香，母的愛」，竟令年逾古稀的梁實秋，一旦回憶起來，仍「不禁涎欲滴而淚欲垂」。寥寥幾句，道盡母愛，可謂生花妙筆，讀罷感同身受。

而鎮日待在書房裡摩挲金石小學書籍的梁父，或許體質關係，「對於飲膳非常注意，尤嗜冷飲，酸梅湯要冰鎮得透心涼，山裡紅湯要微帶冰碴兒，酸棗湯、櫻桃水……等等，都要冰得入口打哆嗦」。因而他另在北平鬧區東四牌樓開設乾果子舖，販售玻璃球做塞子的小瓶汽水和蜜餞桃脯之類。梁實秋年幼時，其父常帶著他們幾個娃兒逛夜市，就會溜躂到那裡小憩。當時能「仰著脖子對著瓶口汩汩而飲」汽水及抓切條蜜餞而食，在他小小的心靈中，可是一大享受哩！

再回頭談談梁家產業的「厚德福」吧！它從煙館搖身一變為飯莊後，由老掌櫃陳蓮堂主理，其拿手菜細數不盡。梁文一再提到的有瓦塊魚、核桃腰、鐵鍋蛋、炒魷魚卷、生炒鱔魚絲、風乾雞等。其實，店內的名菜尚有兩做魚、紅燒淡菜、黃喉天梯、酥魚、羅漢豆腐、酥海帶等，道道膾炙人口，食客趨之若鶩。善於經營的陳蓮堂除培養一批徒弟，使「各有所長，例如梁西臣善使旺油，最受他的器重」。另扶持雄厚的資金和有絕活廚子，「向國內各處展開，瀋陽、長春、黑龍江、西安、青島、上海、香港、昆明、重慶、北碚等處分號次第成立」，不但將原本的灶上名菜發揚光大，還以製作北平燒鴨著名，實為食林一大盛事。

自政府遷台後，假「厚德福」為名的餐館甚多。梁實秋有次登某家之門，點了核桃腰一味，結果是一盤炸腰花，再拌上一些炸核桃仁，「一軟一脆，頗不調和」。這和原製的「腰子切成長方形的小塊，要相當厚，表面上縱橫劃紋，下油鍋炸，火候必須適當，油要熱而不沸，炸到變黃，取出蘸花椒鹽吃，不軟不硬，咀嚼中有異感」且「吃起來有核桃滋味或有吃核桃的感覺」，完全是兩碼子事。他忍不住問老闆：「你知道我是誰嗎？」老闆答以不識。梁乃說：「既不認識我，為何用我家的招牌，菜又燒得大異其趣。」老闆連忙道歉，情願免費請客，再請他指點指點。梁實秋笑而不答，日後憶及此事，撰核桃腰一文，比較治腰花南北之異同，並謂曾到前司法院院長鄭彥棻府中吃飯，其家廚「所製腰花，做得出神入化，至善至美，一飯至今而難忘」，信手拈來，舉重若輕，竟成絕妙好文。

多年前，新北市新店區的中正路上，曾開了家歷史甚久的「厚德福」，附近則有兩家北方小館，分別是「得月樓」和「樺泰麵食館」。我以上班的地點距此不遠。常在附近覓食，一再光顧這三家。後來「得月樓」歇業，「樺泰」也搬遷了。只剩「厚德福」一支撐。手藝還不錯，價錢亦廉宜，獨食共酌均佳，可惜最後仍是關張。本以為從此不見蹤影，不料居然在高雄市發現一家，據說也是老字號，原欲一探究竟。然觀其菜名，乃南北合；而在灶上的，為一年輕人，於是打退堂鼓，以免扼腕而嘆。附記於此，只為讓諸君更了解梁家淵源之深而已。

梁實秋真是好口福。父親常帶他去北平的名餐館用餐，如「正陽樓」（擅長烹蟹及烤肉）、「東興樓」（善燒芙蓉雞片、拌鴨掌、爆肚仁、烏魚錢、鍋燒雞、糟蒸鴨肝、韭菜簍等魯味）；「居順和」（即「砂鍋居」，以白煮肉、紅白血腸、雙皮、鹿尾、管挺等聞名）等等。而他自個兒或與友朋酬酢的所在，則有「致美樓」（拿手者為過橋餅、拌豆腐、炸餛飩、砂鍋魚翅、芝麻醬拌海參絲、蘿蔔絲餅）；「福全館」（燒鴨）；「玉華臺」（主治水晶蝦餅、核桃酪、湯包等肴點）；「信遠齋」（名品有冰鎮酸梅湯、糖葫蘆等）；「便宜坊」（以燒鴨、炸丸子等品揚名）；「中興茶樓」（經營咖哩雞、牛扒與奶油栗子粉等);南京「北萬全」(其清蒸火腿,取火腿最精部分,塊塊矗立盤中,純由花雕蒸至熟透,「味之鮮美,無與倫比」);重慶「留春塢」(其叉烤雲腿,大厚片烤熟夾麵包,「豐腴適口」);青島「順興樓」(高湯氽西施舌);杭州「樓外樓」(西湖醋溜魚)等是。至於他所喜歡的食物,則有象拔蚌(一名蛤王)、菜包、豆汁兒、獅子頭、佛琴尼亞火腿、糖炒栗子、奶酪,和來台灣才享受到的佛跳牆、木樨魚翅(一稱桂花炒翅)等等。以上這些美味,一一融入《雅舍談吃》之內,或追憶,或夾敘,或穿插滋味及友朋,或考證,甚至還有具體做法。用字淺顯,典雅雋永,情景交融,堪稱爐火純青之作。這等生花妙筆,誠為當代第一把手,既前無古人,恐怕亦難有來者,以「山登絕頂我為峰」譬之,應非溢美之詞。

然而,口福與手藝,並不等同畫上等號。梁老雖嘗遍各式各樣的味道,但論烹調一途,他自承是「天橋的把式——淨說不練」,次女文薔更形容為:「爸爸在廚房,百無一用。但是吃餃子的時候,爸爸就會拋筆揮杖(擀麵杖),下廚助陣。爸爸自認是擀皮專家。餃皮要『中心稍厚,邊緣稍薄』。這項原則,媽媽完全同意。但是厚薄程度,從未同意過。為此,每次均起勃谿。」執此觀之,「下廚是玩票」的梁實秋,在他女兒的眼中,當然只是位「美食理論家」,而她的媽媽才是個練家子,是真正的「入廚好手」。

梁妻程季淑在抗戰勝利後,返平定居期間,在女青年會學會烹調,「擅長做麵食,舉凡切麵、餃子、薄餅、發麵餅、包子、蔥油餅，以至『片兒湯』、『撥魚兒』都是拿手」，且她的「和麵、醱麵全是藝術」。除此而外，也能燒無數好菜。另，據梁文薔在〈談《雅舍談吃》〉一文中所披露的，乃是「我們的家庭生活樂趣，很大一部分是『吃』。媽媽一生的心血勞力，也多半花在『吃』上。所以……我們飯後，坐於客廳，喝茶閒聊，話題多半是『吃』。先說當天的菜肴有何得失，再談改進之道。繼而抱怨菜場貨色不全。然後懷念故鄉的道地做法如何如何。最後浩歎一聲，陷於綿綿的一縷鄉思。」因此，這對夫婦能「琴瑟和鳴，十分融洽」，自在情理之中。

儘管他們談吃，「引為樂事，以饞自豪」，梁更認為「饞表示身體健康，生命力強」，為了研究解饞之道，當然不惜工本，講究「色、香、味、聲」四大原則。為此，梁實秋在「半生放恣口腹之欲」下，以至「壯年患糖尿、膽石」之症。幸好自律甚嚴的他，能「從善如流。對運動，戒菸、酒，及營養學原理全盤接受」，且廚房的操作，慢慢變成奉行「新、速、實、簡」式的營養保健，似有扭轉往年「油大」之態勢。

就在一切都朝健康方向發展時，程季淑仙逝，實秋另娶韓菁清續弦，雖已改弦換轍，仍舊走回頭路，結果食指頻動，天天有好湯喝。原來每晚臨睡前，菁清都會用電鍋燉一鍋上好雞湯，或添牛尾、蹄膀、排骨、牛筋、牛腩，再加些白菜、冬菇、開陽、包心菜、扁尖筍之類。為的只是讓梁老第二天的清晨和中午，「都有香濃可口的佳肴」。

齒頰留香，舌吐清芬，難怪恩愛非常，晚景無限美好。

事實上，梁實秋所寫的吃，尚不止已出版的部分，其中未發表的，大部分在寫給幼女文薔的家書內。文薔居美三十年，梁、程二人在致女兒的家書中，「不厭其詳的報告宴客菜單，席間趣聞」，並對她時時指點烹調之術。若把這些「寫吃」的段落聚集起來，甚至比《雅舍談吃》還厚得多，深盼日後可以付梓，讓有興趣者一窺全豹。又，梁實秋晚年赴歐時，在寫給韓菁清的信裡，仍不忘附記飲食。特將偶然發現的法王路易十四餐單，珍而重之，附於信末。此餐單如下：一、山雞全隻；二、草菇釀松雞；三、生菜沙拉；四、紅酒羊肉；五、火腿二片；六、水果及甜點。且對路易十四好吃亦享高壽，更有所著墨，恐怕他的內心深處，還在為自己的嘴饞，尋找合理的解釋。畢竟，在比附「先賢」後，才能有樣學樣。

末了，《隨園食單》和《雅舍談吃》這兩部小書，都是我置諸案右的食書。精妙絕倫，饒富興味，得空拜讀，真快事也。《雅舍談吃》更因旁徵博引，內蘊豐富，能從絢燦歸於平淡，文采燦然，諧趣橫生，信筆揮灑，無不佳妙，一再得我的關注，只盼可以「物我交融，愉悅陶然」，不僅雅俗共賞，兼得高人風致。

附記

二〇〇九年，台北的九歌出版社，將原先的《雅舍談吃》，擴充內文，收錄其女梁文薔的〈談《雅舍談吃》〉一文，並請我寫篇序文，此即〈品高雅的味中味〉，後收錄於拙著《味外之味》一書中，諸君如有興趣，可以找來看看，或能相得益彰。

唐振常吃出文化

孔老夫子曾說：「君子不器。」意謂君子不能像器皿一樣，只能充單一用途。曾幾何時，世人重視專業人士，通才不再吃香。但一觸及文化，得有深厚根柢，才能左右逢源，進而一以貫之，成就一家之言。被稱為「三界人物」的唐振常，學問博大精深，縱橫新聞、史學、文藝三者，且都成績非凡，尤其在歷史方面，通透精闢，更有「史海尋渡一通才」之譽。其實，先生之於飲食，不以食家自命，但修辭立其誠，談及飲食文化，每每一針見血，其辛辣深刻處，既反映出品味，亦談今昔之異，如能細加琢磨，當可了然於心。

唐振常，四川成都人，出身大戶人家，先隨西席受業，再入大成中學。由幼年而少年，從家館到學校，皆學傳統文化，記誦論、孟、左、史，亦讀資治通鑑，文史根基扎實，寫作能力超強，他日後能旁徵博引，倚馬千言，腹笥極廣，信手拈來，成為一位「多產作家」，實與少年苦讀有關。

一九四二年夏天，振常考上設於成都的燕京大學，一共學習五年，以外文、新聞為主，歷史、中文為輔。當時燕大名師如雲，西式校風開放，他悠遊其中，如魚得水，如蜂採蜜，「從張琴南習新聞學，從吳宓習西洋文學史，從李芳桂習語文學，眼界大開」，亦曾「選修陳寅恪先生的歷史課，受益終身」。此外，他在學習之餘，由於多才活躍，主編校報《燕京新聞》，大力宣揚民主、反對獨裁，日後名聞遐邇，即以此為發端。

大學畢業後，先到上海《大公報》工作，前後凡七年。接著做五年電影工作，編過多部劇本，其中的《球場風波》，更被拍成電影；隨後在《文匯報》擔任文藝部主任。文化大革命期間，因選擇靠邊站，被剝奪工作權，長達六年之久。一九七八年以後，入上海社會科學院歷史研究所工作，任副所長、研究員，直到退休為止。

據唐振常自述，他由文轉史的原因，是出於對文革那場空前浩劫的反思，以為「不學史無以知今」。生平第一篇史學長文為〈論章太炎〉，一反文革時將章定調為「法家」及「批孔」的說法。該文取精用宏，邏輯嚴謹，老辣尖銳，能夠自成新說，直刺「四人幫」的要害。是以宏文一出，引起史壇震動，從此之後，正式成為三界人物，影響更為深遠。

唐先生治史，奉其師陳寅恪「以小見大」、「在歷史中求史識」的原則，下筆不苟，力求從具體的歷史事件中，去探求其普遍的意義。自稱平生研究三個半歷史人物，分別是章太炎、蔡元培、吳虞，半個指吳稚暉。既寫其功，不諱其過，且都是有所為而作，套句自己的話，就是「為個人辯誣之意義小，求歷史公正之意義大」。秉持這種精神，所寫飲食文章，無不深中肯綮，可以歷久常新。

上海史的編纂，乃唐振常治史的一大領域，先後主編過《上海史》、《近代上海繁華錄》、《近代上海探索錄》等鉅著。上海史之研究，能有今日氣象，乃唐老前驅闢路，研究上海之學，才成為今日顯學，堪稱大功不朽。

唐文最妙處，在才華橫溢，各體文俱備。有氣勢磅礴的論文，有細緻縝密的考據，更有汪洋恣肆的散文。不但思想與時俱進，文風意境更是越老越高，於絢麗多姿外，亦復醇厚濃郁。二十世紀八、九〇年代，他在上海灘走紅，報章雜誌，廣播電視，幾乎無日無之，而且無所不在。他重視穿著，形象瀟灑，聲音宏亮，著作等身，其影響及貢獻，早已超越史學和文學的範疇，似乎惠及整個社會。

基本上，唐振常才氣縱橫，微有些傲氣，但沒有霸氣，治學實事求是，為人從善如流，只服理不服人。「無理，雖權貴，不折腰；有理，雖後生，悅服。……他晚年交往圈子中，每多青年才俊，忘年之交成群。……身上留有可貴的俠氣，路見不平，拔刀相助，事見不公，拍案而起，仗義執言，全無顧忌，為弱勢者撐腰，讓當局者難堪。也因此，有人說他火氣大，有人說他熱心腸」，何況他一向「重感情，無城府，不掩飾，喜怒皆形於色，喜則暢懷大笑，怒則破口大罵，悲則放聲大哭」。這種真性情，不愧俠者本色。是以曾有人戲評上海學界諸名人，據彼性情作為，或稱其為「才儒」、「傲儒」、「酸儒」、「商儒」等等，不一而足。唐則被評為「俠儒」，允為傳神之評。

作為富戶少爺，唐自幼衣來伸手，飯來張口。成年之後，仍不懂營生之道，有錢就花，出手闊綽，加上好茶、好酒、好菸、好飯菜。錢固然來得快，去得也有夠快。然而，他卻能將文化與飲食結合起來，吃出門道，講出名堂，更有一己創見，發前人所未言，功在中華飲食甚巨。

要成為美食家，一定得天時、地利、人和三者俱全，缺一不可。唐振常自少及壯，皆在號稱「小吃王國」的成都，後來轉赴飲食多元的上海發展，也曾駐足香港、澳洲，足跡所至，則不勝枚舉，包括台灣、江蘇、安徽等地。純就時間點和地利上言之，清末傅崇榘的《成都通覽》一書，已收錄成都著名的肴點，足見當時飲食之盛況，唐振常適時而生，當然躬逢其盛，遍訪著名小吃；二十世紀四〇年代中期，他初來到上海及赴香港，曾經比較當時三地之小吃，指出：「凡事皆從比較得之，在成都這個飲食大國之前，上海瞠乎其後；在香港這個蕞爾島食之前，上海昂昂乎其先矣。」

不過，待他此後長住上海及香港後，正逢兩地飲食業勃興之時，透過自身體會，寫的上海飲食，真是鏗鏘有力，可以擲地有聲。摘錄一些如下：「本幫以德興館和老飯店最著名。德興館舊式房子三層，……底層供應大眾化飲食，以肉絲黃豆湯為主，食者多平民。三樓售價高，皆本幫名菜，最膾炙人口者為熗蝦（食過半再油爆）、蝦籽大烏參、白切肉、炒圈子等。蝦籽大烏參入口即化，誇張一點說，不必咀嚼，可以順喉而下。宋美齡最喜食德興館此菜，杜月笙更為常客。老飯店在……，其菜與德興館大致相同而各有短長。……眾多的老正興中，以二馬路一家最著，三馬路者次之，菜均各地特色。韭黃上市之時，二馬路老正興的韭黃肉絲，色澤鮮明，韭黃極爽肉極嫩。……寧波幫菜館亦遍布市上，隨處可吃到冰糖甲魚以及三子（蚶子、蟶子、海瓜子）。至於粵菜，自然以新雅最佳，唯價貴，其廉者則大三元與冠生園，冠生園分店甚多，菜廉而惠」。接下來，他繼續寫淮揚幫，北味（包括京菜、山東菜、河南菜三種）、杭幫菜、川菜、雲南菜等。他且附帶一筆，上述如「白頭宮女話天寶遺事，絮絮叨叨，還可舉一長串。無非畫餅，大可不必，乃急止」。不過，他在別篇時，仍是提到了，且敘述更詳，欲明其究竟，可自行研讀。

講到香港飲食，他亦有所著墨。像聞名的海鮮，即寫道：「香港仔珍寶海鮮舫之食，精巧而多味，展現豪華氣象；鯉魚門之食雖稍粗，亦大失海味本色；南丫島食海味，極為豪放，龍蝦新鮮而肉嫩，一盤梅子蒸膏（蟹黃）平生所僅遇」。它如位居中環的陸羽茶樓及Matino咖啡，亦為他所懸念。前者代表中國傳統文化的情趣，「壁上懸畫，畫美字佳，食客有觀賞之樂」，除以茶馳名外，其「點心特佳，蘿蔔糕非如他店之呈方形塊狀，而是黏糊成一碗，有如年糕而多味，又不黏牙，炒粉爽而滑，蝦餃大而嫩，熱氣騰騰。糯米雞飯好雞佳，滲透荷葉之清香」。後者堪稱西方老式文化情趣的代表。它「真正是間小店。……門不大卻沉重，推門而入，但感古色古香，其實並沒有也放不了多餘的陳設，牆上亦了無裝飾。異香撲鼻，熏人欲醉，這股咖啡香的強烈，其他咖啡店所未得聞」。其「咖啡品種並不很多，只不過十種左右，但燒出來都是上品」。他之所以特愛這兩家，則在「兩種文化情趣，各自怡然自得，成為享受，兼而融之，更增其趣」。顯然唐老身為一介文化人，他於飲食之道，最喜得之自然，尤重心靈感受，見解更是精闢。

見多識廣、味兼南北的唐振常，世家大族出身，從事新聞工作，際遇當然非凡，故有「鹽商家中一食」、「狀元府上一宴」、「澳洲說吃」、「南丫之行」、嚴谷生之孫燒的大千魚、大啖松江四鰓鱸等不尋常的口福。他來台灣時，南北走一遭，若論所最愛的，乃高山烏龍茶。也嘗了些異味，如烤野豬、蓮霧、龍蝦血等，見識到山葵的真面目，品了新竹小吃，抵達台北後，一共待三日，享用還不錯的燒餅油條，驥園的砂鍋雞湯，上海鄉村的東坡肉、蝦籽烏參雙拼等。對雞湯頗讚賞，既狀形貌，亦稱上品，對鄉村這道配成的菜，亦讚譽有加，表示：「一色亮，一色玄，兩不相擾而各極其妙。」這趟台灣之行，似乎印象深刻。

唐老不好厚味，四川的燉肉湯、雞湯，不放鹽，稱之為原汁原湯，此一淡雅之味，他甚喜之。亦愛吃粵菜，「愛其味淡色佳，每菜主菜與配菜得宜，既不以奴欺主，盤中難覓主菜，也不是單純皆主菜，凡純則單一」。等到一九八三年再赴香港時，親睹飲食之盛，竟然儼同隔世，更明白它是伴隨著經濟、社會、文化以興盛的。後來屢去香港，耳聞目睹，更增此想。最大的感慨，則是「香港飲食幫派菜系之多，已遠遠超過了昔日的上海，菜肴製作之精美，不但總體水平高過內地，且有的幫派的菜肴也高過於其發源之地，此其一。其二，在製作方法上，香港多守家法，能得其體。對佐料的要求，亦同此理」。而且，「香港的粵菜，就其本質，依然保持味淡色佳的本色，復有發展創造，不失粵菜之體，而能有所增益，……」。不過，「香港確可說集中國飲食之大成，要什麼有什麼」，但近幾年來，卻每下愈況，乃「與廚師相率移民有關」。一甲子以來（唐一九四六年首次赴港）的香港飲食興衰，他以寥寥數筆，即可見其端倪。

他山之石當然可以攻錯。自二十世紀八、九〇年代開始，上海的飲食業者，不務本而趕潮流，「一股潮流興，繼之以衰；又一股潮流興，亦繼之以衰，興衰隆替，循環往復，而於上海飲食之興，終無濟於事」。而在這種人為炒作下，興風造風，隨風而動，乃成態勢，究其動機，不外撈錢，在向壁虛構下，「強為之與硬為之」，它所造成的惡果，「便是丟掉了飲食之道的大本大源，不足以守成繼業，也就談不上發展了」。而要改變此一畸形現象，唐老主張先從派系分明著手，多多益善後，即有容乃大，再正本清源，杜絕其謬種，確立主與從。接著就是引香港「招牌菜」的概念，全力把菜燒好，建立招牌的拿手菜，要吃這個菜，必到這個店。待建立招牌菜後，更要不惜一切維護，也唯有能如此，才說得上發展。而不妄求創新，則是基本原則。

在唐振常的飲食文章中，關於文化層次，不擇地皆可出，非但有憑有據，時時出現警句，讓人感受強烈，兼且受益良多。名篇如〈徽菜之衰及其聯想〉、〈晉菜今何如〉、〈川菜皆辣辯〉、〈飲食文化大交融〉、〈所謂八大菜系〉、〈家法何存〉、〈中華料理有料無理（指日本）〉等，興觀群怨，俯拾皆是；而〈一行白鷺上青天〉、〈常州豆腐〉、〈四鰓鱸魚〉、〈成都小吃〉、〈擔擔麵〉、〈上海三家小飯館〉、〈偏食為佳〉、〈家食與食家〉等，撫今追昔，餘韻不盡；至於〈夜吃〉、〈窮吃〉、〈吃轉轉（兒）會〉、〈石家鮍肺湯〉等，則興會淋漓，穿越時空。總之，他將飲食「雖小道，必有可觀者焉」，說得頭頭是道，在在引人入勝。

先生的第一本食書，其名為《饔飧集》，取《孟子．滕文公上》「饔飧而治」（其注云：「饔飧，熟食也。朝曰饔，夕曰飧。亦泛指熟食。」）之意，書名辭意近古，足見樸茂典雅。我得讀此書，拜食友許幼麟之賜，而他擁有兩本，皆得自唐的同學傅宗懋。當夜在驥園用餐，正飲雞湯時，許持本書贈我，告以此書至佳，好好地讀，必有裨益。我酒酣耳熱返家，沐浴之後，隨即捧讀，從首篇的〈飲食文化退化論〉讀起，著實精采，酒意全消。接下來的〈文人與美食〉、〈善烹小鮮，可治大國〉、〈無道失德〉、〈知味難〉、〈適口為珍〉，引發不盡遐思，更想讀完為快。待讀畢〈做客難〉，早已日上三竿，平日所讀食書，無如此暢快者。而本書在台灣發行時，易名《中國飲食文化散論》，我又讀了兩遍，仍覺十分愜意。待大陸再度發行時，更其名為《品吃》，我仍繼續鑽研，似乎欲罷不能。

唐老來台灣時，幼麟全程接待。他權充嚮導之前，曾在郁方小館一聚，問我可以做伴否？以次子出世不久，實不克南北奔波，竟錯過此一良機，至今每一思及此，仍引為一大憾事。

唐府膳食，例由其母安排。她不嗜辣，故其家中所食，「有的是明顯不能有辣，如滑肉片、冬菜肉絲、醬肉絲、炒腰子，以及紅燒、清燉的菜。有的則明顯可以加辣而不加辣者，如炒黃豆芽、豆豉炒肉。……有的菜則是必須辣而我家竟不加辣者，如居家最常見的回鍋肉和鹽煎肉……」。另，四川每家必備的泡菜，唐家「泡菜缸竟有十餘個，由母親自管，不准他人涉手，每缸一味，不能混雜，撿泡菜的筷子亦不能混用」，而吃泡豇豆炒肉末時，居然也不放乾辣椒，振常一念及此，不免「迂矣」之嘆。

川人講究喝湯，唐府的燉湯，與他家略同，但有兩味湯，全來自貴州，為「其家獨步」、「堪自豪」者。一是黃豆芽燉肉湯，「肉切成連皮帶肥與瘦的小塊，放入醬油、花椒、酒等，浸後取出濾乾，置鍋中加水煮沸後溫火煨之，再倒入浸過肉的醬油，後加豆芽，其味美極」；另一是所謂的燴赤豆湯，「把赤豆燒得極爛，攪成泥甚至成沙狀，加鹽和豬油炒，傾入湯肉燒一滾，撒上大量蔥花。湯有味，豆泥也能食」。唐振常自云：「平生不會燒菜，只此兩湯於我為擅長，至今燒而食之不輟。」應是頗為拿手，難怪敘述甚詳。

唐有食友二人，其一為老饕師陀，常向他誇讚蘇州石家飯店的鲃肺湯，「認為是當今絕品，不食此不知人間美味」。結果特意跑去，竟因時令不對，與它錯身而過。反而大啖熗蝦，堪為人生一快。其二為食家車輻。不但精於吃，且能道出箇中真諦，同時還是烹調高手。兩人吃了一甲子，彼此受益互惠良多，食而能如斯，實無憾此生。

關於食家與老饕之別，唐老講得透徹。認為：「即使吃遍天下美味，舌能辨優劣，往往也還只是個老饕。」而世人所喜談的「美食家」（即食家），卻對這個頭銜的贈與，又往往過於慷慨。其實，兩者之異，其關鍵在於「文化」二字。而要成為食家，必須「明其統屬，知其淵源，解其所以，方足以言飲食文化」。而且「飲食文化之研究非孤立之學，實是一門大學問，非博通專精之士不能為之」。又，能燒一手好菜的廚師，同時也「能明瞭飲食文化的淵源，融會貫通，知其然且知其所以然，信手拈來皆成美味，『治大國如烹小鮮』，輕而易舉，可謂大廚師，亦可兼稱美食家」。可見他認為成一美食家的途徑非一，既可深究文化，吃出一番道理，也可由廚入手，創造美食文化。

那麼吃要如何品才算到位？唐老解釋絕妙，堪稱經典譬喻。他指出：「食有三品：上品會吃，中品好吃，下品能吃。能吃無非肚大，好吃不過老饕，會吃則極複雜，能品其美惡，明其所以，調和眾味，配備得宜，借鑑他家所長，化為己有，自成系統，乃上品之上者，算得上真正的美食家。要達到這個境界，就不是僅靠技藝所能就，最重要的是一個文化問題。高明的烹飪大師達此境界者，恐怕微乎其微；文人達此境界者較多較易，這就是因由所在。」旨哉斯言，真可放諸四海而皆準。

最後，中西的飲食文化及方式各異，唐老認為這兩者，在文化上是「難以融合的，往往只見其拼合」；至於方式，則是「拼在一起，也是各取所需」。是以分食聚食，充其量，只是看其需要而已。

唐雖有「美食家」之譽，也曾被推為美食學會會長，吃遍上海名館，店家以能得其好評為榮。逢年過節，名廚送菜，不絕於途。但他光說罕做，卻能屈也能伸，即使吃一碗辣醬麵，也是甘之如飴。繁簡俱宜，精粗皆可，一切以「立其誠」為依歸。看來先生之於飲食，可謂已進於道矣。

尤值一提的是，唐文甚耐讀，讀至「兒時，我們每晚必吃他的豆花粉。後遷居，十餘年不食，常思之，偶過故居之門，看易豆花仍賣此食，痛食之」。最後三個字，實畫龍點睛，一見即涎垂，食指復大動。我每吃到好的，必奮不顧身，吃得撐撐的，摩腹而消食。唐文亦戲稱，人吃得太飽，將如齊景（頸）公、蔡（菜）哀（挨）侯（喉），顯然全力以赴後，似已動彈不得了。

寫食聖手唐魯孫

凡讀過《老殘遊記》的人，想必對劉鶚寫王小玉說書的那一段，留下不可磨滅的印象。那種「美人絕調」，描繪細膩入微，一再扣人心弦，得有經綸妙手，始足以盡其妙。如就食界觀察，能與老殘爭鋒，本身朵頤豐厚，寫出美味中味，足以傲視群倫，後世莫與之京的，恐非唐魯孫莫屬。

唐魯孫家世顯赫，滿洲八大貴族出身，原姓他那拉氏，隸屬鑲紅旗。他家和漢人的淵源頗深。曾祖父長善，字樂初，官至廣東將軍。長善風雅好文，在廣東將軍任上，招梁鼎芬、文廷式二名士，伴其二子共讀，四人後來都入翰林，同為「帝師」翁同龢門生，平添一段文壇佳話。長子名志銳，字伯愚；次子名志鈞，字仲魯。觀其「魯孫」之名，即知其為志鈞的文孫。

志鈞曾任兵部侍郎，同情康、梁變法，「戊戌六君子」常集其家聚會議事，慈禧聞之不悅，派他遠赴新疆，擔任伊犁將軍，後奉勅回中土，辛亥革命遇刺。另，長善之弟長敘（即魯孫的曾叔祖），官至刑部侍郎，其二女並選入宮，即光緒帝的瑾、珍二妃。民國初年時，年方八齡的唐魯孫，常隨親長入宮「會親」。有年春節，他向姑祖母瑾太妃叩賀，授以一品官職，家人引為榮寵。

魯孫有一半漢人血統。其母為李鶴年之女。李鶴年字子和，奉天義州人，道光二十五年翰林，先後出任河南巡撫、河道總督和閩浙總督，服官頗有政聲，而且長於風鑒（相人術），識拔宋慶、張曜，均為後期淮軍之外的名將。

世澤名門之後，能夠博聞強記、善體物情的唐魯孫，以父親早逝，年僅十六、七，就得自立門戶，隻身外出謀職，足跡遍海內外，時有應酬往來，觥籌交錯無數，交遊因而廣闊。由於賦性開朗，兼之虛衷服善，加上出身貴胄，數度出入宮廷，親歷皇家生活，習於品嘗家族奇珍，又遍嘗各省特有風味，從而對飲食有獨到見解，故有美食家之名。是以日後發而為文，不僅言之有物，能道出個所以然來，同時發揚飲食之道，自娛兼且娛人，至於文字優美，特別耐人尋味，則為其餘事也。

此外，他本身對民俗掌故知之甚詳，且對北京傳統文化、風俗習慣及宮廷祕聞尤所了然，因而又被譽為民俗學家。

一九四六年時，唐魯孫隨岳父張柳丞渡海來台，起初任菸酒公賣局祕書，後歷代松山、嘉義、屏東等地菸廠廠長。一九七三年退休後，閒來無事可做，重操筆墨生涯，最早發表於《民族晚報》、《大華晚報》上，極受讀者歡迎。其秉持的宗旨，只談飲食遊樂，旁及典故舊聞，絕口不提時事，亦不臧否人物，以免惹一身騷，無端自找麻煩。

其實，早在退休的前一年，他即撰一長文，題為〈吃在北平〉，發表於《聯合報》副刊，馬上引起廣大回響。除文壇大老梁實秋撰文呼應外，雜文名家「老蓋仙」夏元瑜一睹此文，以「內容雖全為舊事，可是寫得極為新穎。……上起自極豪華的餐廳，下至著名的攤販」，其中種種記載，令他佩服之至，從此結為筆友，「書信來往比情人還要密」，情同莫逆。更有趣的是，這篇充滿「京味兒」的宏文，還引發老北京的蓴鱸之思，海內外傳誦一時。自此之後，食家逯耀東所宣稱的「新進老作家」（註：謂其新進，指過去從沒聽過他的名號；而言其老，則是他操筆為文，年已花甲開外），於是一發不可收拾，成為一位多產作家。又，唐並自謂其撰文時，興到即寫，「有時一口氣寫上五、六千字」，遂能積少成多，逐步刊行於世。一直到他謝世止，寫了一百萬餘字，一共出了十三冊文集，內容豐富，量多質精（集中百分之七十談吃，百分之三十提掌故），文采非但一流，而且自成一格，允為一代雜文大家。只要一讀其文，即樂在其中矣。

而自命好啖的唐老，始終對飲食抱有濃厚興趣。其肇因在世家巨族的飲食服制，皆有固定規矩，一絲馬虎不得。例如唐府試廚，只有一飯一肴，其一為蛋炒飯，另一為青椒炒牛肉絲，合度即錄用，且各有所司。即使是家常食用的打滷麵，亦甚講究，必須滷不瀉湯，才算合格。而其食用之法，就是麵一挑起，馬上朝嘴一送，筷子絕不翻動，也唯有如此，滷汁才不瀉，入口醇且郁。而他之所以如此執著，歸根究柢，不外一個饞字，其能成就一代食功，令名迄今響亮，即在「讒人說讒，不僅寫出吃的味道，並且以吃的場景，襯托出吃的味道，這是很難有人能比擬的」，飲食大家逯耀東如是說。

另，以「饞中之饞」自況的他，曾自嘲稱：「我的親友是饞人卓相的，後來朋友讀者覺得叫我饞人，有點難以啟齒，於是賜以佳名，叫我美食家，其實說白了，還是饞人。」畢竟嘴饞的，頗不乏其人；饞而能說出個道理來，已非易事；饞到極致，著書立說，且奉為圭臬的，放眼當今，一人而已。

且不管是個饞人，抑或是位美食家，除了本身饞的條件外，還得有其環境和閱歷。關於此點，唐雖原籍長白，但自幼至長，卻長住北平，且先天即饞，待一遊宦全國，即東西南北吃。以下這五件事，便知他在飲食上何以能全方位且全到位，雄傑特出，戛然獨造。

首先是把握機會，積極進取。他吃過的好魚不少，像長江的刀魚，松花江的白魚，還有鰣魚、鮰魚之屬，就是從未嘗過青海的鰉魚。後來有個機緣，終於一履斯土。原來有一年，「時屆隆冬數九，地凍天寒，誰都願意在家過個闔家團圓的舒服年，有了這個人棄我取，可遇而不可求的機會，自然欣然就道，冒寒西行」。結果真是圓滿，他不僅吃到青海的鰉魚、烤犛牛肉，還在蘭州吃了滋味絕佳的「全羊宴」，唯有這種為饞走天涯的精神，才有可能成為一代食宗。

其次是美食當前，捨得花錢。唐任職鐵道部時，參加過鐵展工作，有次回天津時，火車一過禹城，掏出一塊大洋，囑茶役一到德州站，就出站買隻扒燒雞，順帶兩個發麵火燒。茶役知其為部裡人，多餘之錢必是小費。乃揀隻「又肥又大熱氣騰騰的扒雞跟火燒來」，並重沏一壺香片。於是「這一頓肥皮嫩肉，膘足脂潤的扒雞，旅中能如此大快朵頤，實是件快事，吃飽連灌幾大杯濃茶，覺著吃得過重，只好倚枕看書，車過滄州，乃敢就臥，那知一枕酣然」，竟睡過了三站。這次嘴饞誤車，後被同事知道，調侃說大禹治水，三過家門而不入，而他此舉，可以踵武前賢，只因「為食『德州雞』，不惜腰中錢」，欲嘗頂級味，得捨才能得。

其三是機緣特殊，生平難遇。我讀《金瓶梅》時，最愛宋蕙蓮燒豬頭那一段，「燒得皮脫肉化，香噴五味俱全」。揚州名菜之一的「扒燒整豬頭」，更是有口皆碑，法海寺所燒者，尤知名。唐家舊僕啟東，手藝正宗道地，出自該寺嫡傳。選用「奔叉」良豬，整治燉煨完畢，「豬皮明如殷紅琥珀，筷子一撥已嫩如豆腐，其肉酥而不膩，其皮爛而不糜」，真是無上美味。有次唐與黃伯韜將軍及陸小波會長一起享用啟東燒製的整豬頭，適友人送陸小波海南紫鮑，但陸不諳吃法，交由啟東治饌，結果啟東誤聽發好後與豬頭肉同燒，「原缽登席，熱鏊久炙，鮑已糖心，其味沉郁，……恣饗竟日，無不盡飽而歸」。由於紫鮑比起豬頭價昂十倍不止，他們還比之為「小吃大會鈔」。而這等豪吃法，也太不尋常了。

其四為以食會友，廣結善緣。魯孫自「志於學」後，就得頂門立戶，周旋賓客之間，年方二十出頭，就常出外工作，先武漢後上海，交結地方名流，時有應酬往來。當他在上海時，每逢陽澄湖大閘蟹上市，便相約赴「言茂源」、「高長興」等舖，喝老酒吃大閘蟹解饞。這種制式吃法，他頗不以為然，「總覺得吃大閘蟹最好是雙溝泡子酒、綿竹大麴、貴州茅台，要不海甸蓮花白、同仁堂的五加皮，還有上海的綠豆燒才夠味，南酒（指紹興酒）……似乎都不對勁」，而與他同感者，則有劉公魯、袁寒雲、李瑞九等。報界人士如孫雪泥、陳靈犀笑稱他們是「公子哥兒派」（註：寒雲為袁世凱二公子，瑞九為李鴻章孫）。李瑞九不服氣，便在家裡請報界朋友吃大閘蟹，先上用蟹黃、蟹粉製作的「八寶神仙蛋」，待上大閘蟹時，大家對宜用南酒、北酒，莫衷一是，於是「南北酒具備，黃白雜陳，結果北酒吃得精光，南酒開罈只燙了兩壺」。嘗過這一頓後，有些主張以南酒吃螃蟹的人，始改變了論調。這種實證吃法，如無志同道合且見識不一者齊聚同品，基本上是不可能有結論的。

我有志研究搭配中國酒配菜久矣，多方探究，效法前賢，亦認同北宜於南，只是白酒只宜清香型（如汾酒、二鍋頭、高粱酒等），實不宜濃香型（如綿竹、雙溝、五糧液、洋河大麴等），亦不宜醬香型（如茅台酒、郎酒等），畢竟其味濃郁，掩過螃蟹真味。另，在調配酒中，我亦贊同海甸蓮花白，但對五加皮（用天津雙鹿及廣州雙鶴）和綠豆燒（用窖灣，產自江蘇新沂），則敬謝不敏。其原因無他，酒香太強烈而已。如佐飲紹興酒，確以元紅（即女兒紅、花雕之類）為佳，其衍伸之加飯、善釀、香雪及竹葉青等佳釀，其甜其香其醇，皆自家之味過厚，搶走螃蟹鮮味。

其五是尋常滋味，嘗傑出者。舊時北平人家，講究不時不食。過了二月初二龍抬頭之日，就接姑奶奶回娘家享享福，頭一頓飯，必吃薄餅（即春捲，閩、台人士則稱潤餅），名為「咬春」。這個應景美味，台灣四時皆有，即使小吃攤販，亦常見其蹤跡。

品嘗這個春餅，花費可大可小，菜式可多可少。我家在清明時，必嘗此一思之即涎垂的佳味。菜至少十二道，款款皆精細，捲而食之，痛快淋漓。但比唐魯孫所嘗的，仍是小巫見大巫。

唐雖嘗過上方玉食（指清宮）的春餅，但不如大律師桑多羅家的春餅細緻考究，作料齊全。桑府所用的烙薄餅，來自北平西半城頭一份之「寶元齋」；上品的章丘羊角蔥、甜麵醬，例由當地魯家供應，增色添甘。其合菜戴帽甚精絕，「先把綠豆芽掐頭去尾，用香油、花椒、高醋一烹，另炒單盛，吃個脆勁，名為闖菜。合菜是肉絲煸熟，加菠菜、粉絲、黃花、木耳合炒，韭黃肉絲也要單炒，雞蛋炒好單放，這樣才能互不相擾，各得其味」；至於薄餅內捲的盒子菜花樣亦多，桑府的「一定有南京特產小肚切絲，另加半肥半瘦的火腿絲。熏肘子絲、醬肘子絲、蔻仁香腸，必定用『天福』的爐肉絲；熏雞絲、醬肚絲，一定要金魚胡同口外『寶華齋』的」。這頓派場講究的桑府薄餅會，由於桑律師對皮簧興趣極濃，吃罷必有餘興節目，是以言菊朋昆仲與玉靜塵、王勁聞等名伶名票，皆與此會，實為食林一大盛事。

金門人每在冬至當天吃潤餅，有年冬至，李柱峰縣長請在「聯泰餐廳」吃潤餅，躬逢其盛的有楊樹清、許水富、李昂、許培鴻、李錫奇、古月及我們一家四口等。當天店家所準備之餅皮，來自金城老店，所搭配之菜料，無不精心製作，總共二十來種，堪稱豕臘干味，而且有膾有脯。我獨食七、八卷，歡暢淋漓之外，佐以金門陳高，乃平生快意事之一。其考究處縱不及桑府，似已庶幾近之了。

以上皆為唐老在飲食上的鳳毛麟角。觀看他的飲食集中，正是「集中七八從『食』樂，當代食家一魯孫」。前半生著墨最多的，當然是北平，其次為江南（包括上海），再次為武漢。透過其汪洋宏肆、海納百川的書寫。這些地方的食物，才能一一浮現，歷歷宛然在目；加上餐館攤販，以及風流人物，猶如萬花筒般，讓人目不暇給。終成一股風潮，引發蓴鱸之思，沛然莫之能禦。尤其可貴的是，能和名士往來，既嘗諸般異味，亦與食家交流，得聆妙語真諦。

前者如曾與有「近代曹子健」之稱的袁克文共品西餐。袁「從不穿西裝，更不愛吃番餐」。他們口有同嗜的，就是愛吃大閘蟹。袁克文發現「晉隆西餐廳」的「忌司烤蟹盅」，肉甜而美，剔剝乾淨，絕無碎殼，「不勞自己動手，蟹盅上一層忌司，炙香膏潤，可以盡量恣饗」，真是不亦快哉！後者除有機會向食壇大師譚篆青請益外，還和嶺南食家梁寒操（均默）大談食經，梁據自己經驗，告以：「吃海味講鮮味實在是北勝於南，北方水寒波蕩，魚蝦鱗介生長得慢，纖維細而充實，自然鮮腴味厚。拿對蝦來說，天津塘沽、秦皇島出產的對蝦，鮮郁肉細；山東沿海一帶所產對蝦，鮮則鮮矣，肉則不及塘沽所產細嫩。……至於台灣東港的對蝦，賣相雖然相當不錯，可是吃到嘴裡柴而且老，鮮味更差，酒館裡把它當成珍品海味，而會吃的人，則不屑一顧」。這讓我想起數年前，曾和倪匡在香港新界流浮山的「海灣海鮮酒家」品嘗海味。所食之海鮮，皆隨蔡瀾購得。等到清蒸對蝦上桌，倪匡吃了一隻，感慨地說：「現已無上好的對蝦可食，真懷念往年在渤海所吃到的。」他這一嘆，看法與梁均默相同。對蝦的確北勝於南，但因後來污染嚴重，即使到了北地，鮮上貨可嘗，實在讓人無可奈何。

唐老走遍大江南北，對中國菜的分布，確有獨到看法，指出：「中國幅員廣袤，山川險阻，風土，人物，口味，氣候，有極大不同，而省與省之間，甚至於縣市之間，足供飲膳的物產材料，也有很大的差異，因而形成了每一省分都有自己獨特口味。早年說南甜、北鹹、東辣、西酸，時代嬗斷，雖不盡然。總之，大致是不離譜兒的。」

他再將中國菜分為三大體系，就是山東、江蘇、廣東；按河流來說，又可分成黃河、長江、珠江這三大流域。而山東菜能成為北方主流，主要是清代河道總督設於山東寧州，為當時第一肥缺，差事又閒多忙少，飲食宴樂方面，自然食不厭精、膾不厭細地講究起來。自乾隆駐蹕江南，鹽商們迷樓置酒，四方之珍，水陸雜陳，淮揚菜遂譽滿五湖四海。至於「吃在廣州」，緣於通商口岸，華洋雜處，豪商囊橐充盈，一恣口腹之嗜，所出菜式，精緻細膩，異品珍味，調羹之美，易牙難得，而且力求花樣翻新，因而嶺南風味，直可味壓江南，成為後起之秀。

等到抗戰軍興，國都西遷重慶，川、湘、雲、貴佳肴，遂成天之驕子，口味跟著大變。及至政府遷台，人們漸惹鄉愁，吃些家鄉風味，聊慰寂寥之情。「不但各大都會的金齏玉膾紛紛登盤薦餐，就是村童野老愛吃的山蔬野味，也都應有盡有，真可說集飲食之大成，彙南北為一爐」。使得他的飲食，在入境隨俗下，亦有所更張，於是像貢丸、四臣（今人多寫成神）湯、吉仔肉粽、度小月擔仔麵、米糕、虱目魚皮湯、棺材板、萬巒豬腳、美濃豬腳、山河肉、旭蟹、碰舍龜、蜂巢蝦等，無不一一過口，尤其欣賞海鮮。而這些古早味，有的現在已經失傳，亦有已非舊時味者。不過，他則早先一步，當令得時嘗之，然後發諸筆端，說得頭頭是道。由於兼容並蓄，且不獨沽一味，視界因而更闊，道得出所以然。他自謂：「任何事物都講究個純真，自己的舌頭品出來的滋味，再用自己的手寫出來，似乎比捕風捉影寫出來的東西，來得真實扼要些。」其實是自謙之辭。

能我手寫我口者甚多，如無過人見識，只是人云亦云。唐魯孫的文筆一流，見多識廣，加上口納百川，故所謂將自己飲食經驗真實扼要寫出來，基本上，「正好填補他經歷的那個時代，某些飲食資料的真空，成為研究這個時期飲食流變的第一手資料」，飲食文化研究者固然視為瑰寶，但對廣大讀者而言，則是悠遊於其文辭之間，望風懷想，綿延不絕。

還有件事值得一提，在唐老的著述中，不乏有關茶、酒、菸等作品，或有歷史根據，或有自家閱歷，篇篇精彩可誦。實將「菸酒不分家」、「茶酒不分家」的精髓，描繪傳神得宜。只是時代不同，菸酒有害健康，現取而代之者，反為茶和咖啡。但當文獻來讀，探討其中精蘊，不啻另個味兒，足以增廣見聞，亦可由此窺知其風會之變。

而一代食家又如何打發一頓，實在滿令人好奇的。原來他愛吃蛋炒飯，甚為講究，非比尋常。曾一連吃七十二頓，被友人封為「雞蛋炒飯大王」。據他所述，曾吃到兩次至為驚訝的。一次在美國狄斯耐樂園住宿旅館外的「雙龍餐廳」，名為中華料理，實際美式中餐，他心想「犯不上點菜做洋盤……每個人要客炒飯，總不會太離譜兒」，於是叫了一客蝦仁蛋炒飯。端上桌來一看，「飯是用高腳充銀盤盛著，而且還有一隻銀蓋，蓋得是嚴絲合縫，掀開蓋子來看，好像剛打開包的荷葉飯，用醬油燜出來的，倒是毫不油膩，扒拉半天，也找不出一點雞蛋殘骸，疏疏朗朗幾粒蝦仁，還附帶有幾根搯菜，炒飯裡配搯菜，真是開了洋葷」，竟索價六元五角美金（註：按卅八比一折合，售價二百元台幣），價格高昂，不成比例，匪夷所思。另一次則在北平的「中國飯店」，無意中吃到「鴨肝飯」，此飯米粒鬆散炒得透，鴨肝則老嫩鹹淡極為適口，堪稱「炒飯中逸品」。這兩食炒飯，皆出於意料之外，可見食運如何，只能問蒼天了。

對於炒菜之妙，唐書中最令我折服的，則是「東興樓」的大師傅。人在灶火邊上，一把大鐵勺能把勺裡菜肴一翻老高，勺鏟叮咚亂響，「火苗子一噴一尺來高，灶頭上大盆小碗調味料羅列面前，舉手可得，最妙的是，僅僅豬油一項，就有四五盆子之多，不但要分出老嫩，而且新舊有別，什麼菜應用老油，什麼菜應用嫩油，何者宜用陳脂，何者宜用新膏，或者先老後嫩，或者陳底加新，神而明之，存乎一心，熟能生巧」。

猶記二十年前，永和有一陋巷小館，其名為「烹小鮮」，老闆年逾五旬，粗壯結實有力，其在灶上功夫，似乎不遑多讓，但見勺鏟翻飛，炒菜頃刻而成，其滋味之佳美，已得調羹之妙。吾家一女一子，自幼看其手段，嘗其精湛廚藝，每看美食節目，如「料理東西軍」，觀其師傅推炒，每每搖頭不已，直呼曰：「不好吃。」

縱觀唐老食書，有親臨其境而不敢食者，如「蜜唧」（將未開眼的幼鼠，拈尾蘸蜜食用）；有誤植其菜名者，如「穆家寨」的拿手絕活為「炒麵疙瘩」，而非「炒貓耳朵」。寥寥無幾，無傷大雅。但其記憶力之驚人，口福之至高無上，文筆則有如萬馬奔騰、萬流歸海，在在高人一等，難怪其文一出，有如風行草偃，天下為之轟動。飲食名家逯耀東認為：飲食創作必須是個知味者，且談吃文章不易寫，必須先有枝好筆，讀起來才有情趣可言。執此以觀唐魯孫，謂之「寫食聖手」，實在當之無愧。

飲食男女郁達夫

「食、色，性也」。這是大家耳熟能詳的一句話，但要將此一「飲食男女，人之大欲存焉」，詮釋得淋漓盡致，放眼古今中外，實在不乏其人，只是這些人士，多半限於活動，絕少訴諸文字。能得兼此兩者，不僅文采斐然，且有真性情在，縱觀近代史上，非郁達夫莫屬。

出生於浙江富陽的郁達夫，原名郁文，達夫是他的字。這位被胡適譽為「中國現代第一流的詩人和作家」的人物，擅長散文、小說，同時精通外語，凡日語、英語、德語、法語、馬來西亞語等，皆能朗朗上口，而且運用自如。然而，這位狂狷之士，最為人所稱道的，反而是飲食男女，以及他的真性情，縱橫交織貫串，譜出傳奇人生。

他是個放蕩慣了的人。不光在飲食上如此，在感情上，尤其如此。如就感情而言，活脫像金庸《天龍八部》中，段正淳和段譽這對父子的綜合體，父親到處留情，而且愛得專注，個個全力以赴；兒子則鍾愛一人，不顧自身形象，死纏爛打到底。在他的生命裡，這位酷似王語嫣的佳人，就是王映霞。而在吃這方面，影響他最大的，恐怕也非她莫屬。

映霞在杭州女中肄業時，即有艷名，達夫一見，驚為天人，傾倒備至。她此時年華才雙十，據高拜石《古春風樓瑣記》的記載，她年屆三十時，「還是那麼白嫩，輪廓生得真停匀（均匀、妥貼），在家裡常不著襪，趿著一雙珠履，腳指甲早染上蔻丹，更顯得豐若有餘，柔若無骨」。這是作者高拜石的近距離觀察。當時他和達夫交情不錯，時相往還，所記應屬實情。

達夫追求映霞時，年齡已三十三，同時還有家室，大家都不看好，終於愛出結果，這當是他一生中，最稱心如意之事。葉兆言編的《名人日記》，有一段「初識王映霞十日記」，透過達夫筆端，讀者才能發現，他愛情的能量，竟是如此強烈，火光四射。在初識的那十天，這一個戀愛狂人，從一見傾心，遂求再見、三見，甚至在過程中，連接吻的次數，以及哪一次吻得最長，全記載得清清楚楚。這種閃電式的進攻，作為有婦之夫，就像個浪蕩子，且真性情流露。難怪友人郭沫若對於他的真，有如此的評價：「他那大膽的自我暴露，對於深藏在千百萬年的背甲裡面的士大夫的虛偽，完全是一種暴風雨的閃擊，把一些假道學、假才子們，震驚得至於狂怒了。」

儘管田漢曾在自傳體小說《上海》內，為郁達夫辯護，把愛情的多元論，歸結為

「藝術家的特權」。但對郁達夫這位大詩人，我比較認同曹聚仁的觀點，他指出：「詩人住在歷史上是神人，飄飄欲仙的；但住在你家隔壁，就是個瘋子。」

一九三七年六月，郁、王二人訂婚，選在杭州西湖畔的「聚豐園」，嘉賓雲集。達夫意氣風發，即席賦詩，詩句中有：「相思倘化夫妻石，便算桃園洞裡春。知否夢回能化蝶，富春江上欲相尋」，惹得賓客們擊節讚賞。

如此良辰美景，少不得旨酒嘉肴，據說他們品嘗的杭幫菜，有「西湖醋魚」、「宋嫂魚羹」、「東坡肉」、「神仙鴨」及「炸響鈴」等，從晚上七時半開席，直吃到半夜十二時，在賓主盡歡下，酒足飯飽賦歸。

婚後寓居上海，王映霞這一新嫁婦，為了滿足丈夫的好吃，開始洗手做羹湯了。且為增進烹飪技藝，遍嘗上海各大餐館，如「知味觀」分店、「王寶和酒家」、「新雅粵菜館」等，都有他們足跡。新婚燕爾，蜜裡調油，並美其名為「交學費」。

中饋妙手初成，達夫生性好客，加上飲食考究，家中伙食特好，友朋乃不請自來，經常成為座上客。

映霞回憶往事，曾說：「因為我家吃的講究，所以魯迅、許廣平、田漢、丁玲、沈從文等人常來吃飯，尤其是姚蓬子，一日三餐都在我們家吃，我們對他們來者不拒，一律歡迎。」姚蓬子何人也？他是四人幫之一姚文元的父親，或恐欣賞佳肴，不以藕食為恥，別人雖然常去吃飯，他則整日恭候開餐。

郁達夫有好食量，酒量亦大得嚇人。每餐可吃一斤重的甲魚，或是一隻童子雞；並飲上一斤紹興酒，也能喝下大量白蘭地，尤其愛吃「甲魚燉火腿」、「炒鱔絲」或「清炒鱔糊」，而且食不厭精，經常變換菜色。這可苦了王映霞，每天到小市場，尋找節令食材，此時家住在赫德路，還得跑去陝西北路，去大街市買稀罕菜。滿足郁達夫的胃口。

達夫此際供職於創造社，入息頗豐，每月達二百枚銀圓；通常藍領階層的收入，不過數元而已。

據王映霞的回憶錄說：「當時，我們家庭每月的開支，為銀洋二百元，折合白米二十多石，可說是中等以上的家庭了。其中一百元用之於吃。物價便宜，銀洋一元，可買一隻大甲魚，也可以買六十個雞蛋，我家比魯迅家吃得好。」

由此可見，郁達夫這個奉行美食主義者，「為食海（指上海）上鮮，不惜腰中錢」，天天換菜色外，要求不時不食。映霞常為此傷透腦筋，只為夫君滿意，舉座欣然道好。

小倆口在遷往杭州後，擇地城東場官弄，建「風雨茅廬」，小園附郭，構造精巧。其地近報恩寺，為軍械儲藏處，旁即省立圖書館。他因而自詡擁有武庫、書城。

達夫嗜酒，雅好交遊。不論是達官顯宦、學生、窮朋友，只要談得來的，無不結納，一樣招待。名士如邵力子、宣鐵吾、周象賢、趙龍文等，都有交情。有次陳澹如遊覽杭州，達夫拿一塊艾綠色的石章，請他刻「座上客常滿」五字以自況。澹如卻說：「不如刻『樽中酒不空』。」

達夫素性愛遊山玩水，在這段時間內，詩詞而外，多著墨遊記、雜文。上海報紙稱他為「遊記作家」，亦樂於自居。此時所寫舊詩，多為遊覽之作，不改好酒本色。如〈醉宿杏花村〉一詩，詩云：「十月秋陰水拍天，湖山雖好未容顛，但憑極賤杭州酒，爛醉西泠岳墓前。」

一九三六年初，是達夫人生中的一大轉捩點，既成就了他美食家的令名，也使他的婚姻蒙上陰影，一得一失之間，實在無法評量，只怪造化弄人。

當時他旅日的舊識陳儀，擔任福建省的省主席。兩人私交不錯，應邀來到福州，轟動了文藝界。雖掛名為參議，實乃主席「上賓」，根本無須辦公。但王映霞未隨行，寄寓青年會食堂，地方還算精潔寬廣，中西菜也燒得不錯，就是不許賓客飲酒，故好客的他，想請人吃飯，實大感不便。

而在這段時間內，他最悠閒也極繁忙。悠閒時日多，可到處晃蕩，享當地飲食。且在盛名之下，「恭求法書」者眾，雖毛筆字平平，他仍「卻之不恭」，一旦紙到即寫。寫的盡是自己詩句，倒也相得益彰。

這個有名的吃貨、酒徒，不到半年光景，遍嘗福州飲食。他在來閩之前，有位朋友到過福州，寫信告訴他「閩地四絕」。「依次序來排列，當為：第一山水，第二少女，第三飲食，第四氣候」。透過他的觀察，以及切身體驗，並以清初周亮工的《閩小記》為藍本，撰寫〈飲食男女在福州〉一文，文勢迴腸蕩氣，筆觸細膩生動，確為飲食文學之傑作。不過，談的固然精采，但想對民初以來的福州飲食，了解更全面而深入，需和薩伯森所撰的《垂涎錄》併觀，才能通透整個福州的飲食文化。

福州菜是閩菜的主幹，與漳、泉二州的閩南菜，組合而成閩菜。而今在台灣，所謂的「台菜」，即是閩菜的旁支，漸成體系。福建得天獨厚，天然物產富足，不論海鮮、筍類，非但特別鮮甜，同時在外省各地游宦、經商者眾多，於是本地食材，加上外省烹法，「五味調和，百珍並列」，遂使閩菜之名，喧騰老饕之口，福州尤為重鎮。

在福州的海味裡，郁達夫最欣賞的，主要是有「西施舌」之稱的長樂海蚌，以及有「貴妃乳」之譽的蠣房。後者即生蠔，其較小者，台灣則名「蚵仔」。

產於福州嶺口的西施舌，宋人胡仔就說：「極甘脆，其出時天氣正熱，不可致遠。」這或許是郁達夫所聲稱的，「聽說從前有一位海軍當局者，老母病劇，頗思鄉味；遠在千里外，欲得一蚌肉，以解死前一刻的渴慕，部長純孝，就以飛機運蚌肉至都」之所本。而這位部長，推測可能為薩鎮冰，他的侄兒就是薩伯森。

被周亮工譽為「色勝香勝」的西施舌，郁則認為：「色白而腴，味脆且鮮，以雞湯煮得適宜，長圓的蚌肉，實在是色香味的神品」。關於此點，我有些小意見，認為欲嘗西施舌的本味，以生食為佳。

遙想半世紀前，台灣鹿港一帶海域，即盛產西施舌，俗稱「西刀貝」或「西刀舌」，是當地名貴的海味。當時家住員林，每逢其產季，父親的好友便送一籮筐，連吃兩三天。他傳授吃法，極為新鮮者，先將它冰鎮，再蘸醬油生食。醬油用台南的手工製品，食來甘脆腴美；也可用清蒸，亦蘸此醬油，感覺似爆漿。接著以五味、爆炒、煮薑絲湯等法享用，各具其味，味美難名。

達夫對於這「清湯鮮炒俱佳品」的西施舌，正值它上市，「紅燒白煮，吃盡了幾百個」，認為是此生的豪舉。我的口福差些，總有將近百個，也算得上是年少之時的至味。

講到吃牡蠣時，我必眉飛色舞。其肉潔白細嫩，兼且營養豐富，號稱「海底牛乳」。達夫認為福建所產的，「特別的肥嫩清潔」；其實，台灣西部海岸及金門亦盛產，滋味亦佳。

牡蠣生食極美，就我個人而言，只要海水潔淨，連水同食即可，或加點檸檬汁，也是不錯選擇，而用台式五味、日式、歐式蘸汁，或色淡而醇正，或色艷而帶酸。雖各有各的味，最好單享其一，如果三者同蘸，非但無法加分，滋味勢必大打折扣。

蠔煎和蠔烙，乃漳州和潮州的風味小吃，亦可炙成一大盤，切塊以光餅夾食，當成大菜享用。我吃過十餘回，至今回想起來，以馬祖的為佳。

至於當成小吃，清人郝懿行於《記海錯》中指出：「牡蠣鑿破其房，以器承取其漿。肉雖可食，其漿湯尤美也。」堪稱知味之言。台灣的蚵仔麵線、蚵仔生、蚵仔湯、蚵仔粥等，在製作之前，取此以為法，更能增添風味。

福州人認為：「蟳肉最滋補，也最容易消化」。他卻覺得質粗味劣，「遠不及蚌與蠣房或香螺來得甘脆」。由於郁對蟹類自稱素無好感，故有此一論調。其實，台灣流行的處女蟳和香港嗜食的黃油蟹，在我個人看來，並不遜於大閘蟹。前二者專食母蟹之黃，後者則享公蟹之膏，各擅勝場，都是極致美味。

其他如江瑤柱，他只點到為止。至於海魚方面，只提到貼沙魚。貼沙魚形同比目魚，以洪山橋畔的「義心樓」，最擅烹製。（按：貼沙魚，即鰈魚，又名鰈沙魚）。《海錯百一錄》云：「一名龍舌，俗呼草鞋魚。」形扁而薄，本產在海濱，秋末入江產卵，溯流上至洪塘而止。義心樓用魚鱠供客，肉嫩味美。也許所劏的生魚片，質鮮形美，功夫細膩，膾炙人口。可惜義心樓早已歇業，福州現則以「黃燜貼沙魚」著名。

薩伯森曾以〈義心樓貼沙魚〉撰七絕一首，詩云：「義心樓上貼沙魚，宋嫂工夫似不殊。張翰倘教來作客，秋風未必憶蓴鱸。」將它和松江的四鰓鱸並論，其推重可知。

肉燕又稱「扁肉燕」，由於它的形狀，像煞含苞待放的長春花，故又名「小長春」。

郁達夫頗欣賞，把這福州獨有的特產，仔細介紹：「將豬肉打得粉爛，和入麵粉（註：實則地瓜粉），然後再製成皮子，如包餛飩的外皮一樣……。」其實，它可製成多種菜點，加工成片狀，用以包餛飩、水餃者，即「扁肉燕」；用以包小肉丸者，稱燕丸；切絲煮者，則叫燕絲。而與鴨蛋同煮者，可製成大菜，號稱「太平燕」，最受福州人歡迎。台灣的肉燕，以彰化二林最負盛名。我有時想食這味道鮮香，吃口滑潤爽適的肉燕，得就近去台北東門市場購買，一解饞癮。

至於飲食外的有名處所，郁指出有四家，最值得稱道者，乃「可然亭」。菜館的女主人，其小名叫「嫩妹」，交遊廣闊，生意興隆，座客常滿。菜肴以「軟溜草」著名。其製法為：把草魚「切為大塊，蒸熟，不使太老，置盤中。以碎蒜調以糖醋醬豉，置鍋中加油後，乘極沸時潑之，取其肉嫩味美，其汁更用以拌麵批（即煮熟後的麵條）。」以上記載於《鄭麗生文史叢稿》。此外，可然亭所售肉包尤著名。而今台灣的台南、新竹及鹿港，皆有販售肉包，其製法皆源自福州。

貪杯的郁達夫，與其他的文友，例如魯迅等人，皆佐飲紹興酒。既已來到福州，對於當地酒品，豈能輕易放過？土黃酒勉強可喝；雞老（酪）酒喝多了頭痛；荔枝酒稍黑甘甜，不對他的胃口。而福建一般宴客，「喝的總還是紹興花雕」，但價錢極貴，斤量又不足，酒味也嫌淡。似乎只有「以紅糟釀的甜酒，味道有點像上海的甜白酒，不過顏色桃紅」，尚堪入口，沒有負評。

早在北宋時，以紅麴釀的黃酒，就已天下聞名，蘇東坡且有「夜傾閩酒赤如丹」的詩句。這酒非比尋常，酒液紅褐透明，酒香濃郁芬芳，酒質醇和純正，入口鮮美爽適，餘味回甘綿長。我喝過的，以「福建老酒」為上，「蜜沈沈」次之。至於上海的白酒，最著名的為「松江白酒」。此酒極為甘美，甜度雖高，但甚清洌，能沁心脾，我頗嗜此，可惜佳釀無多，一直在尋覓中。

又，福建黃酒佳品，除前述的老酒及蜜沈沈外，我亦愛「龍巖沉缸酒」、「連江元紅酒」和「苜莉青」。關於這些酒的來源、釀造、口感及入菜等，閣下可參考拙著《痴酒—頂級中國酒品鑑》一書，應有滿意解答。

達夫飲茶方式，旨在解酒。自云：「我不戀茶嬌，終是俗客。」對鐵羅漢和鐵觀音之所以會偏愛，倒不是茶味如何？而是認為它們如「茶中柳下惠」，「酒醉之後，喝它三杯兩盞，頭腦倒真能清醒一下」。

談到福州女人，郁達夫從人種、血統、膚色、身體康健、裝飾入時，無不娓娓道來。最後對這些「天生麗質難自棄」的福州女子，用「福州晴天午後的全景，美麗不美麗？迷人不迷人？」作結，真是神來之筆。

郁、王之間的情愛，因映霞在杭州的日子多，又是名士之妻，自己更夙有艷名，交際一廣，久而久之，自己也欲罷不能，閒話自然跟著而來。結果嫌隙愈積愈深，即使經人勸合，隔閡依舊存在，兼之時逢喪亂，大家心情欠佳，更顯同床異夢。等到正式仳離，達夫悲不自勝，日後遠赴南洋，最終埋骨異域。

當時對「郁王婚案」幾乎有個成見，即：「無論王映霞怎樣美，嫁給郁達夫，總算幾生修到，單憑《達夫九種》這部戀愛聖經，王映霞也足以千秋了。」純就男性觀點，倒是平心之論。

郁達夫在南洋時，從事愛國行動，為了隱瞞身分，做好潛伏準備，開了一家酒廠，名字叫「趙豫記」，為了達成使命，這位嗜酒如命的才子，毅然決然戒酒，收斂先前張揚，絕不直露浮誇，令人充滿敬意。

他生前有詩云：「大醉三千日，微醺又十年。」因此身故之後，文友易君左感慨地說：「達夫是一個人才，一個仙才……天之生才真不容易，數百世而不可一見。李太白以後一千多年，才生出一個黃仲則（即黃景仁，清乾隆時大詩人）；以後又隔了幾百年，才生出一個郁達夫。」

把他和李白並論，難免有過譽之嫌。但比之於黃仲則，文章身世雖相近，但郁達夫之率真，尤讓人津津樂道。

南海聖人精飲饌

從清末到民初時，不論在政界、書法、儒學等方面，皆戛戛獨造，且翻雲覆雨，蓋棺難定者，首推康有為。不僅特立不群，領一代之風騷；同時精於飲饌，走遍千山萬水。其精彩的人生，足以輝映千古。

康有為，原名祖詒，字廣廈，號長素、更生。清廣東省廣州府南海縣人。稟賦絕異，聲如洪鐘，精力過人，自幼即有「聖人為」之名，人稱「南海先生」，簡稱「康南海」。他最早享大名的，不是在政治舞臺，而是在書法方面的著作，其影響之深遠，至今罕出其右。

當年紀輕輕的康有為，在上書皇帝的希望落空後，心情極為苦悶，在友人建議下，宜以金石遣懷，乃移居位於宣武門米市胡同的南海會館。這裡面「別院迴廊，有老樹巨石，小室如舟」，他取名「汗漫舫」，廣收各種碑版，日以讀碑為事，系統研究書法，「盡觀京師藏家之金石，凡數千種」，開始撰寫書稿。隔年還鄉，構思成熟，十七天即殺青，完成《廣藝舟雙楫》一書，天資高妙，人所難及。

此書為當時最全面、最系統的書學著作。畢竟，書學涉及太廣，自明清以來，論書者眾多，如汗牛充棟，竟連一部書法史，都付諸闕如。只有此《廣藝舟雙楫》一書，由於體例完整，加上論述廣泛，從書體之肇始起，詳述歷朝變遷，品評各代名迹，其間又考證指法、腕法，最後終歸實用，具有重大意義。故自問世以來，碑學成為主流，在晚清及民初，占有首席地位。

儘管書內所言，如「卑唐」等理論，迄今爭議極大，但不論贊同其觀點或反對者，均一致認同其學術價值極高，足供思索啟發。

而這本劃時代的新書，自初刻起，在七年內，凡十八印，即使兩次毀版，依然流行神州。且在康有為生前，日本就以《六朝書道論》之名，一共翻印六版。整整影響一代書風，卻在年輕之時，不愧其名「有為」。

完成書法鉅著後，康在廣州長興里設立學館，名為「萬木草堂」，收二十多名學生，有心成為「帝王師」。既培養副手，亦著書立說，為維新變法製造輿論。其儒學的名作《新學偽經考》，便在此時鐫刻，引起廣大波瀾。

此時，最有名的弟子為梁啟超。據梁的〈三十自述〉，康、梁的初次見面，「時余（指梁）以少年科第，且於時流所推重之訓詁詞章學，頗有所知，輒沾沾自喜。先生乃以大海潮音，作獅子吼，取其所挾持之數百年無用舊學，更端駁詰，悉舉而摧陷廓清之。自辰入見，及戌始退，冷水澆背，當頭一棒，一旦盡失其故壘。惘惘然不知其所從事，且驚且喜，且怨且艾，且疑且懼……竟夕不能寐。明日再謁，請為學方針，先生乃教以陸王心學，而並及史學、西學之梗概，自是決然捨去舊學。自退出學海堂，而間日請業南海之門，生平知有學，自茲始。」於是這位年輕舉人，在當頭棒喝後，心甘情願的拜在蔭監生門下，走上了學以致用、救國維新的道路。

此外，康最喜歡講，也最受學生歡迎的課程，則是《古今學術源流》，每個月講三、四次不等。他在講課中，將儒、法、道等三教九流，以及漢代的經學、宋朝的理學，均歷舉其源流派別，又以同一手法，講述詩、詞、書、畫，皆源源本本，列舉其綱要。「博綜群籍，貫穿百氏，通中西之由，參新舊之長。以致學生們聽得津津有味，無不勤奮筆記。梁啟超描繪當時情景，寫道：「先生每逾午，則升座講古今學術源流，每講則歷二三小時，講者忘倦，聽者亦忘倦。每聽一度，則各各歡喜踴躍，自以為有所創獲，退省則醰醰然有味，歷久而彌永也。」其引人入勝處，躍然紙上，譽為一代宗師，實在當之無愧。

另，一八九〇年到一八九七年間，康致力理論著述。其中有兩部書，在思想界掀起滔天巨浪，也對戊戌變法影響極深，此即《新學偽經考》和《孔子改制考》。大膽議論，設想出奇，在知識分子和士大夫強烈的共鳴下，已為以後變法維新，扎下厚實的理論基礎。有人尊稱他為：「孔教之馬丁．路德」，絕非溢美之詞。

也在這段期間，精力旺盛的康有為，常去廣州近郊鬧區的西關，飲茶休憩放空。最常去光顧者，包括「葡萄」及「陶陶茶居」，傳下一段佳話。

此二家實為一。其原址為「霜華書院」，後改為茶居。主人以小妾之名，命其名為「葡萄」。其後該店出讓，再易名為「陶陶茶居」，蓋「葡萄」與「陶陶」二字同音。店東陳若，久慕康有為之書名，商請他題寫匾額。康題字有行情，每字實收五元，當年可是天價，陳若是否付款，現已不得而知。或許饋以飲食，以代潤筆之資。

康有為認為「茶居」二字太俗，於是刪去「茶」字，題「陶陶居」三字，落款為「南海康有為題」，遂成鎮店之寶，長達一甲子以上，廣州無人不曉。

「陶陶居」日後雄峙天南，嘉肴美點紛呈，文人雅士雲集。其著名的菜點，有「紅燒雞鮑翅」、「髮菜瑤柱脯」、「清宮錢甲魚」、「牡丹鮮蝦仁」、「禮雲子伊麵」、「原煲香娘米雞飯」、「玉液粉」、「薄皮鮮蝦餃」、「蟹黃乾蒸燒賣」等，以及龍鳳禮餅、中秋月餅。店家名師輩出，早年大廚陳大惠所推出的「陶陶居上月」，轟動嶺南、港、澳，即使南洋地區，亦以得嘗為榮，陳因而贏得「月餅泰斗」之尊號。此外，上世紀四、五〇年代，其點心師傅崔強製作的百花餡點心，當時奉為圭臬，今則已成經典。

「陶陶居」雖獨樹一幟，久盛不衰，但此皆康有為身後事。最值一提的是，文化革命期間，紅衛兵「破四舊」，將康有為遺跡破壞殆盡。該店員工知匾額有難，急忙卸下，換成了「東風樓」，加以密藏保護，這才躲過一劫，直至風頭平息，重新高高懸掛，老店恢復舊名。

大畫家劉海粟，曾考究招牌字體，確認是恩師手筆，乃一時興起，另寫一匾額，懸掛在樓上，從此「陶陶居」便有師徒二人的匾額，傳為食林盛事。

關於康有為的書法，亦和其書學名作《廣藝舟雙楫》齊名，號稱「康體」。早年即以楷書著稱，初學歐陽詢、趙子昂，又師蘇東坡、米襄陽，宗晉、唐、宋、元名家。自沈潛北碑後，尤得力於〈石門銘〉，有「縱橫奇宕之氣」。在運筆上，運指而不動腕，只講提按，略於轉折。故筆鋒頓挫富於變化，處處皆有新意。並強調線條伸展自如，善於依勢成形，引帶點畫之間，於無拘無束外，以「骨」為其中心，遂有陽剛之氣，不求形體之美，反顯婀娜多姿，由是令人佩服，只是線條單一，亦惹不少批評。

此外，他特別愛臨摩北宋初年陳摶的對聯，對「開張天岸馬，奇逸人中龍」這十字再三致意，得其旨趣。

而他與劉海粟結緣，亦是藝壇佳話。一九二一年時，康觀看劉海粟與吳昌碩、王震等人在「尚賢堂」一起舉辦的畫展。眾多的作品中，獨對署名「海翁」的幾幅佳構，駐足良久，目不轉睛，讚道：「老筆紛披。」本以為出自老畫家之手，待旁人引見後，才知劉海粟是虛齡二十六歲的青年。基於愛才之心，主動收他為徒，親授書法、古文。過了兩年，廣東發生水災，康有為即登報，義賣書法籌賑，消息一出，求者日眾。然而，康年事已高，應接不暇。劉海粟此時所習「康體」，形神俱似，幾可亂真，於是由他代筆，加蓋康的圖章，滿足各方需求。劉海粟晚年書藝大成，一字斗金，更勝乃師。但他始終對這段往事，津津樂道，引為平生得意之舉。

一九二七年，康有為移居青島，劉海粟親往送別，不料竟成永訣，但他對恩師的仰止感念之情，反而與歲俱增。等到一九八四年，青島市重修康有為墓，年已九十歲的劉海粟親書墓碑，並撰〈南海康公墓誌銘〉，以「公生南海，歸之黃海，吾從公兮上海，吾銘公兮歷桑海。文章功業，彪炳千載！」歸結這段曠世情緣，堪稱圓滿。

喜好美女珍饈，是康醉心政治、酷嗜書法外，為私生活增添光彩的篇章。他有一妻五妾，個個貌美如花，其中尚有日本女子，以及美國華僑。每次出國旅遊，必攜一或二妾同行。而經常隨侍在側者，為杭州西湖浣衣女，他一眼就看中，不惜重金納入，而且發出奇想，將浣衣比作西施，自比為范大夫，號稱才子佳人。

維新變法失敗，有為流亡海外，在募得鉅款後，即以考察之名，走遍四大洲三十一國，同時食遍天下。所遊歷的旅程，即使「遊聖」徐霞客，亦為之遜色不少。總計橫渡大西洋九次，跨越太平洋四次。當年交通工具緩慢，想要如此遠遊壯懷，絕對不是簡單的事。因而請吳昌碩治印一方，印文為：「維新百日，出亡十六年，三周大地，遊遍四洲，經三十一國，行六十萬里」。

在他考察期間，遍嘗各地飲食，寫下《歐洲十一國遊記》問世。不過，裡面並無他認為「冠絕萬邦」的瑞典。

原來這個讓他另眼相看的小國，其社會福利制度，貼近他在《大同書》的構想。居留的歲月裡，他參觀了學校、托兒所、養老院和貧民收容所。所見所聞，都讓他相信「不獨親其親，不獨子其子，使老有所終，壯有所用，幼有所長，鰥寡孤獨廢疾者，皆有所養」的理念，盡在眼前，得以實現。

一九五六年，康有為的女兒康同璧，將康有為遺著《瑞典遊記》的手稿，交付瑞典駐中國使館的文化祕書馬悅然，請這位漢學家幫忙校對，並於日後付梓。而今位於瑞典首都斯德哥爾摩的郊區，仍有「康有為島」，供人憑弔遊覽。

李敖曾譽康有為是「二十世紀第一先知」，並表示「先知的眼光就是要遠，在人們只關心朝廷的時候，他關心到中國；在人們只關心中國的時候，他又關心全世界……跟不上卻還以為他落伍，這不是他的悲哀，這是追隨者的悲哀。」

民國初年時，康居住上海，在這段期間內，朝夕與遜清遺老共聚，輪番治席應酬，遍嘗名館佳肴，策畫宣統復辟。為了達到「虛君共和」的目的，依照他的主張，「至若應擁何人為君主？則惟有孔子之末裔衍聖公（指孔德成）與宣統帝而已。衍聖公年齡未達兩歲，君臨中國恐非所宜；至宣統雖為滿人，但滿人君臨中國已有三百年歷史，故余深信擁立宣統為最上策。」

《清史稿》將康有為與張勳合為一傳，作為殿尾一卷，實在不明究裡。二人理念不同，卻共主張復辟，結果没有分別，讓康含冤莫辯。

張勳駐節徐州。徐州的「彭城魚丸」，一向為食家所珍，並有「銀珠魚」之譽。一九一七年初，康有為應張勳之邀，祕密離開北京，南下徐州會議。張勳的親戚楊鴻斌，時任「楊漸記南貨棧」經理，選在「西園菜館」，為康有為接風。當康吃到「銀珠魚」時，回味無窮，讚歎不絕。於是賦詩一首，詩云：「元明庖膳無宗法，今人學古有清風。彭城李翟祖籛鏗（指彭祖，中國四大廚神之一），異軍突起吐彩虹。」另書對聯一副，聯云：「彭城魚丸聞遐邇，聲譽久馳越南北。」杯觥交錯，舉座盡歡。

此「彭城魚丸」在製作時，要以雞蛋清與肉湯和入魚泥，不用澱粉調餡。等到魚丸汆好，隨即淋上香油，再出鍋置盤中，並將清蒸過的魚頭、魚尾，放在盤之兩側，保持整魚之形，綴以蔥、薑、香菜。魚丸一如銀珠，渾圓極富質感，入口鮮嫩帶爽，絕非凡品可及。

又，和龍井一樣，穀雨前後，椿芽應市，乃人們垂青之尤物。香椿，又分紅椿和紫椿，為一種木本蔬菜，其幼芽芳香濃郁，清脆鮮嫩，富含揮發油，又含多種營養物質，不愧為樹上佳蔬，席上名菜。

而將香椿芽洗淨，一根根蘸以雞蛋和麵粉合成的糊，放油鍋內炸至金黃，香脆可口，滋味美極，號稱「香椿魚」。它還可以沏茶，能治傷風感冒，若用來醃製，亦具發汗、開胃之功效。

徐州皇藏峪的香椿本至為名貴，康既來到徐州，久聞當地風景秀麗，便撥冗前往觀光，當地皇藏寺寺僧以醃製的椿芽奉客，康有為食罷，竟大加贊賞，並重賞寺僧。一經名人品題，其椿芽之美味，亦馳名遠近了。

在密謀舉事前，竟然得享珍味，口福真是不淺。

康有為以「維新」而得名，因「復辟」而喪譽。晚年到處漫遊，足跡幾遍中土。當他來到洛陽，正值吳佩孚五十大壽。他贈以對聯一副，深得大帥的歡心，此聯奇逸開張，我常題於書冊。聯云：「牧野鷹揚，百歲勳名剛半世；洛陽虎踞，八方風雨會中州。」壬辰（二〇一二）年秋，我應洛陽市政府之邀，前往當地交流飲食，並觀賞其山川及古蹟，最後一天晚上，原訂在大帥府改建的餐廳用餐，結果改赴「洛伊軒」，未能一睹偉構，留下些許遺憾。

康的書作當中，罕見扇面傳世，有人請教原因，他表示，有些人會拿扇子如廁，為怕所題之字熏臭，所以從不替人在扇上題字。其唯一的例外，居然是送給一位廚師。原來民國初年時，他途經河南開封，慕名前往名館「又一新」品嘗。豫菜大師黃潤生親炙一道美饌，菜名為「煎扒鯖魚頭尾」。康有為一嘗罷，不禁拍案叫好，稱其「骨酥肉爛，香味醇厚」，乃引西漢珍饈「五侯鯖」的典故，即興題寫了「味烹侯鯖」的條幅，贈予店東錢永陞留念，以示對味美的讚賞。更破天荒地邀黃廚小敘，並贈題寫「海內存知己」的摺扇一把，聊表感謝之忱。此菜一經品題，從由聲譽鵲起，盛名迄今不衰。

這道菜的製作，先選用肥碩的螺螄鯖，在整治乾淨後，截去其中段，留頭尾備用。魚頭一剖為二，帶皮切成條狀，魚尾手法亦同。接著以小火煎至黃色，再把主、配料（冬筍、香菇、火腿）鋪好，放入扒篦裡，另將蔥、薑在鍋內爆香，隨即下紹酒、醬油、雞高湯。然後把各料扒墊順入鍋內，先以大火燒沸，後用小火收汁。待其汁轉濃稠，馬上扒入盤內，澆淋湯汁即成。

此菜色澤棗紅，肉嫩骨酥，排列齊整，保持原形，妙在非常入味。康有此食緣，確為無上口福。

民國成立後，康有為回國，廣東政府發還遭清廷抄沒的家產，並賠償其十年的孳息。等他定居上海，變賣家鄉的房地產，改買上海地皮，轉眼地價飛漲，狠狠賺上一筆。挺有意思的是，他老人家喜歡到古董店看字畫，特別指定唐宋真蹟，古董商為宰大肥羊，拿出大量贗品糊弄，並且標價高得驚人。康每次總是笑著說：「好，不貴！」就帶回家去了。及至年終結帳，他則將上面標千、萬元的價目，逐筆改為十元及數十元不等。老闆見騙不了，能收回點成本，也就善罷甘休。由此亦可見其精明慧黠的一面。

除此以外，「康體」赫赫有名，足夠「自食其力」，於是他在報刊上，廣登賣字潤格廣告；或在上海、北京各大書店，放置「鬻書告白」，凡中堂、楹聯、條幅、橫額、碑文雜體等，有求必應，無所不寫。當時的達官、地主、軍閥、富商，無不慕「康聖人」的大名，附庸風雅，趨之若鶩，紛紛收藏，據說此項收入相當可觀，月入高達千元之譜。

大發利市的康有為，將其在上海占地十畝、中西結合的花園住宅，命名「遊存廬」，廣交各界名流，接濟門生故舊，食指浩繁，開銷龐大，但他樂此不疲。著名詩人陳三立、書法篆刻大師吳昌碩、教育家蔡元培等，都是座上嘉賓；而書畫名家如徐悲鴻、劉海粟、蕭嫻、劉綑、李微塵等，則是拜門弟子。天天山珍海錯，可惜未有食單流傳。如此的大手筆，類似法國文豪大仲馬。難怪徐勤和梁啟超在〈致憲政黨同志書〉上，即稱頌他：「居恆愛才養士，廣廈萬間，絕食分甘，略無愛惜。」

康的最後歲月，仍不忘情教育，重操此一事業，創辦「天遊學院」，期望門徒輩出。他專收青年才俊入學，自任院長兼主講，另聘教授數人。其教學方式，在於用演講加討論，始有教學相長之效。課程主要有道學、哲學、文學、政學與外國文學等，兼收並蓄，人神同在，洋洋大觀，包羅萬有。康並在講堂上自撰一聯，寫著：「天下為一家，中國為一人。知周乎萬物，仁育乎群生。」

即使學生人數有限，最盛時期，也僅有三十人。他仍誨人不倦，聊以自慰地說：「耶穌有門徒十二人，尚有一匪徒在內。今其教（指基督教、天主教、東正教）遍於天下，豈在多乎！」

另，他此時的學生中，林奄方和陳鼓徵兩位，均來自台灣。由於反對日本統治，且仰慕康有為盛名，彼此常用信函連絡，討論各種學術問題。學院成立前夕，康特寄去旅費，方便他們偷渡，寄寓「遊存廬」中。為免日人察覺，用假姓名註冊。非但不收學費，且供應生活費。如此作育英才，值得讓人敬佩。

綜觀康氏的一生，因他標新立異，敢向傳統挑戰，自我感覺良好，以致負評不斷。女兒康同璧曾說：「先君嘗言，一生享天下之大名，亦受天下之大謗。」即使他未「有為」，光擁「聖人」頭銜，亦能招致批評。像葉兆言便說：「因為聖人不是普通人，沒有人情味。他是天生的教主，一言一行，都和他的書法一樣，充滿著霸氣。」然而，這就是康有為，「笑罵任你笑罵，『聖人』我自為之」。與其舌戰群雄，不如獨行千山，盡情享用人生。

錦城食家李劼人

錦城即成都。這個城市很特別，在二〇一〇年三月時，聯合國教科文組織正式批准它加入「創意城市網路」，並授予「美食之都」稱號，這是全亞洲首先獲得此一殊榮的城市，影響重大而深遠。

川菜乃中國四大菜系之一，其品種之繁多，以及滋味之豐富，當然是世界主流菜系，而且名列前矛，甚至穩居前三。而作為川菜的發展中心，成都現擁有極發達的飲食行業、專業的飲食機構、大量且優秀的廚師、傳統的烹飪技巧超群，並透過舉辦美食節、烹飪比賽等活動，推廣和保護傳統食品，其能榮膺世界美食之都的封號，絕非倖致，更非偶然。

近世成都菜之淵源，見於清人傅崇榘寫的《成都通覽》一書，所記成都街市餐館食品中，頗多飲食珍聞。惟自民國以來，對川菜尤其是成都飲食之發揚，不得不歸功於李劼人。此君精於飲饌之道，曾經開過餐館，手下挺有功夫，非尋常者可比，亦有專著傳世，是位不折不扣的美食家。

身為中國現代具有世界影響的文學大師之一，李劼人在撰寫小說及翻譯法國文學方面，成效斐然。同時，他亦為知名社會活動家與實業家。尤不可諱言的是，這位名副其實的美食家，常將成都人的吃喝，以及川菜的歷史沿革、製作工藝與其特徵，融入於其長篇小說之內，手法精闢獨到，使讀者於閱讀後，領略氛圍，頓開茅塞。

生於四川成都的李劼人，祖籍湖北黃陂。原名李家祥，常用的筆名為劼人、老懶、懶心、吐魯、云云、抄公、菱樂等，而以劼人為著，後來取代本名。他早歲的轉捩點，即在留學法國。當一九一九年至一九二一年間，四川掀起赴法勤工儉學熱潮，先後有二十批留學生，負笈遠渡重洋，奔赴法國留學。到一九二一年底，川籍留法學生的人數，已達五百一十一人，包含十四名女生。分別來自全省九十八個縣，而以省城居多，約占全國留法勤工儉學學生總數的三分之一。聲勢之大，人數之眾，無與倫比。

這群川籍留法學生中，分布各行各業，其在歷史上影響較大的，除李劼人外，尚有鄧小平、陳毅、聶榮臻、巴金、趙世炎、劉伯堅、劉子華、周太玄和李璜等。其中與李劼人最契合的，首推李璜。而他們之所以如膠似漆、焦孟不離，肇因於吃，也就是因吃結下不解之緣。

一九一九年八月，年近三十的劼人，同姑表妹楊叔捃結婚。婚前一個月，舊識李璜自巴黎來信，言及他和周太玄主辦巴黎通訊社業務，發展迅速，人手不齊，特邀他一起打拚，可順便讀書求學。於是在婚後八日，即毅然前往法國，一待就將近五年。而在留學生活中，與法國下層民眾幾乎朝夕相處，在半工半讀下，生活相當艱苦。

曾有一段時間，稿費未能匯到，日子更是窘迫，不夠買菜來吃，只好學學范仲淹食粥之法，買幾條麵包，切成若干份，餓到受不了，用冷水泡泡，才取食一份。日子好轉後，為節省開支，一起辦伙食，李才有機會大顯身手。

據李璜回憶，李劼人的「寡母能做一手川菜，有名於其族戚中。故劼人觀摩有素，從選料、持刀、調味以及下鍋用鏟的分寸與掌握火候，均操練甚熟」。不特如此，與劼人一樣會吃也會做川菜的，尚有周太玄。每聚，必輪流主廚，而由李璜之胞姐李琦擔任下手。李琦在巴黎藝術學院主修繪畫，租一間公寓於拉丁街學校區。每屆週末或週日，他們幾位成都人便在公寓內聚會，各人亮出看家本領，紅燒小炒皆有，等到痛飲之後，各出自己所吟詩詞或繪畫，交相品評，一時標榜為「文藝沙龍」。由此亦可見他們是挺會過日子的，儘管是苦中作樂，生活仍有水平，樂得逍遙自在。

成都沃野千里，米好、豬肥，蔬菜品種多而味厚且嫩，因而當地之川味，特長於小炒，而以香、脆、滑三字為咀嚼上評。劼人深曉個中三昧，加上生性嚴謹，食材要求到位。這對當時擔任採買的李璜和黃仲蘇來說，無疑是一大挑戰，「凡聚餐弄菜，二人則必先行，到巴黎菜市場去辦『腳貨』，因為是異鄉異地，免不了遇到一些料想不到且帶戲劇性的難題，李璜曾舉辣椒及花生殼二例以明之。

其一為長紅辣椒。四川人嗜食辣椒，但成都人不吃生拌辣椒，要先做成豆瓣醬，或用燒酒及鹽浸泡一陣子後，再充作調料之用。但要製成此二者，一次得買個一、兩斤才夠用。但在一世紀前，巴黎人不食辣，辣椒僅當成盤飾使用，這種長紅大辣椒，皆自西班牙輸入。這種紅辣椒，既肥且辣，深得劼人歡心，「誇稱色味俱佳」，極宜入饌。李璜在小市場菜攤，偶發現十餘根，其價並不特昂，一下子買光，還問再有否？此小販大驚，原來巴黎人買大紅長椒，每用來吊在燈罩下面，當裝飾品用的。李璜後來找到西班牙售者，向他訂購，全數送來。兩地文化之差異，從此即可見一斑。

其二為花生外殼。劼人有次突發奇想，不吃巴黎人喜食以紅油燜出的紅燒兔肉，而是要照成都吃法，煙燻涼拌，用來下酒。同時得用落花生的外殼來燻，這才夠香。這可苦了李璜，法國不產花生，亦不詳其洋名，只好「圖畫捉拿」，走遍大街小巷，最後在市郊吉普賽人遊樂場購得，而且數量有限，劼人視為異寶。精於食道的他，講究佳肴好料，小處不肯苟且，難怪滋味地道，博得眾人喝采，有「大師傅」之名。

自一九二二年起，在巴黎之「文藝沙龍」，據李璜回想：「每聚必到者，憶為李劼人、李哲生、周太玄與黃仲蘇」。偶來插花的，則有徐悲鴻、常玉這兩位畫家，一聽到劼人和太玄要掌廚，竟不去羅浮宮臨古畫，欣然參加餐會。

等到劼人返川，由於軍閥蠻橫，不想同流合污，去《川報》當編輯，寫評論之外，也持續筆耕，再撰寫小說，並大量翻譯法國文學作品，法國近代許多重量級作家，像福樓拜、左拉、羅曼．羅蘭、莫泊桑、法朗士等名家的作品，都透過他的譯筆，介紹給中國讀者。而他亦藉由翻譯過程，吸取他們創作精髓，並為他日後的長篇小說提供養分及借鑑，終而完成了其經典傑作，大河小說系列的「三部曲」：《死水微瀾》、《暴風雨前》與《大波》。

李劼人自離開《川報》後，轉赴成都大學任教。一九三〇年暑假，時任文學教授的他，毅然辭去教職，借了三百銀圓，在指揮街開了一家餐館，請大名鼎鼎的吳虞給飯館取名。吳虞在日記中寫道：「李劼人將開小餐館，予為擬一名曰『小雅軒』。典出《詩經．小雅．鹿鳴》：『我有旨酒，以燕樂嘉賓之心。』」此即後來享譽成都的「小雅」。

小雅是家舊式單間舖面改裝而成的小菜館，屋子略帶長方，隔成前後兩進，前為餐室雅座，後則為小廚房。經過一番修整、裱糊、粉刷，顯得乾淨潔白。靠牆兩側放小圓桌，按照法式風格，鋪上白色桌布，有十來把椅凳，家具雖是東拼西湊而成，卻洗得裡外乾淨，感覺錯落有致，形式大方宜人。

在開張前一天，劼人寫了紙條，張貼於牆上。其內容為：「概不出售酒菜，堂倌決不喊堂」。其菜肴由李氏夫妻親自製作，屬於私房菜性質；跑堂一職，則由他資助的成都師範大學學生鍾朗華擔任，只送飯菜，不報菜名，因而形成其獨有的清靜幽雅之用餐環境，吸引知味識味的文雅之士。

李劼人開設餐館初衷，「一是表示決心不回成都大學；一是解決辭職後的生活費用」。然而，李的身分、地位與名望，其開飯館之舉，一如西漢文豪司馬相如和卓文君當爐般，頓時成了大新聞，於是報紙的新聞，其大標題為〈成大教授不當教授開酒館，師大學生不當學生當堂倌〉；另，此文的小標題則為「雖非調和鼎鼐事，卻是當爐文雅人」。

消息一出，一時傳為異聞。其辦餐館之舉，即使出自書生意氣，但因做得出色，別有一種風格，導致當時的「五老七賢」，一直津津樂道，紛紛前來光顧。

據食家車輻的描述：「小雅經營麵點，幾樣地方家常風味的便菜，每週變換一次，均以時令蔬菜入菜，不是什麼珍饈盛饌，但很有特色，樣樣精美別致，不落俗套，注重經濟實惠；點心為金鈎（註：黃豆芽）包子，麵食為燉雞麵和最受歡迎的番茄撕爾麵，冷熱菜有蟹羹（呈糊狀，以干貝細絲代蟹肉）、酒煮鹽雞、乾燒牛肉、粉蒸苕菜、青椒燒雞、黃花（註：金針）豬肝湯、怪味雞、厚皮菜燒豬蹄、肚絲炒綠豆芽、夾江腐乳汁蒸雞蛋、涼拌芥末寬粉皮（這是他家傳湖北黃陂家鄉菜）。另外有幾味麵菜冷食：番茄土豆色拉（即馬鈴薯沙拉，以川西菜油代橄欖油）、奶油沙（起）士菜花或卷心白菜等等」。又，到了星期六，李氏夫婦還會再添幾樣菜，例如乾煸魷魚絲、加乾辣子麵的滷牛肉、板栗燒雞、香糟魚、白味砂仁肘子等，輪流變換，平時則配四季不同的新鮮菜蔬。如此多樣適口，難怪食客盈門。

小雅首創無菜單料理。炒菜不用明油（即菜炒好起鍋時，再加上一瓢油。此亦見於清人袁枚《隨園食單．戒單》內，斥為「俗廚製菜」），不用味之素（即味精）。總之，與一般餐館絕不相同。此外，在製作煙燻排骨時，其燻法甚考究，一定用花生殼加柏枝。花生殼能生香，柏枝則可爨味。後來名館如「長美軒」，即依此法製作，頗受食者好評。

劼老燒菜，非同小可，極受歡迎。例如「乾燒牛肉」，必用眉州「洪宜號」釀的黃酒，加薑塊乾燒之，決不用茴香、八角。畢竟，它們的草藥味，實在太俗氣了，顯不出功夫來。又如「豆豉蔥燒魚」一味，一定用「口同嗜」的豆豉，它可比潼川豆豉、永川豆豉顆粒來得大，「味厚味好又香，澆上去也出色好看」。而且用生豬油煎魚，「才會分外香好吃」。

又，小雅的泡菜、紅辣椒都用黃酒泡製，滋味絕佳，可和「姑姑筵」的泡水黃瓜媲美，只是後者賣得很貴，越貴越有人買。他們則走平價路線，每天大排長龍。於是有人造謠，指李氏發了財，引起匪人注意，遂綁架其長子李遠岑，鬧得滿城風雨，小報且有〈竹枝詞〉稱：「小雅泡菜紹興酒，最是知味算匪人」。

時方三歲的李遠岑，被綁架二十七天之後，李劼人耗費一千銀圓，才將兒子贖回。為此劼人負債累累，無心再理小雅，從此關門大吉。此後再執教鞭，辛勤勞動致疾（胃病）。這場晴天霹靂，仰仗袍哥大爺鄺瞎子居中調停斡旋，始能圓滿閉幕。他則近距觀察，深切了解底層社會的昏暗複雜，而鄺瞎子的言談舉止及身世經歷，後來就成為其名著《死水微瀾》中羅歪嘴的人物造型。

這部長篇小說最大的成功，是借人物（尤其是女性）命運的變遷，展現時代政治、經濟生活領域裡的變化，真實塑造了「典型環境裡的典型人物」。且藉由情節的推進，細膩描繪其民情風俗、起居服飾、地方特產，甚至飲食風味等，從而增加真實性和可讀性，將色彩濃郁的巴蜀文化，發揮得淋漓盡致。後續的《暴風雨前》及《大波》，亦承此一主軸發展，奠定其在文壇上的崇高地位，佳評如潮。

這三部曲採用法國大河小說的體式，以更完整的社會生活和文化風俗敍事，既獨立成篇，又相互連貫，規模巨大，結構嚴謹。故文、史大家郭沫若對其推崇備至，稱頌為「小說的近代史」，「中國的左拉」，而《大波》一書，則是「小說的近代《華陽國志》」。香港已故的文、史學家司馬長風，非但將李氏列為中國二十世紀三〇年代中長篇小說的七大家之一，並表示：「李氏的風格沈實，規模宏大，長於結構，而個別人物與景物的描寫，又極細緻生動，有直追福樓拜、托爾斯泰的氣魄。」

撇開其文學成就不談，李劼人還是位實業家，從抗戰軍興到「解放」之初，他一直是嘉樂紙廠的董事長。該廠首將西方先進的造紙技術引進四川，滿足當時大後方新聞用紙和教科書的需要，功在士林甚巨。他還勻出紙廠部分的利潤，支援左派人士及其刊物《筆陣》的經費開支，對中國共產黨作出貢獻。而身為企業家，他亦樂於助人，往往不落人後，曾支助當年客居成都而生活拮据的作家張天翼、陳白塵等，一時傳為佳話，其事蹟載於《老成都》一書中。

在生活方面，李劼人除了是位藏書家外，對居住所在，亦有其品味。其故居始建於一九三九年，為避日機空襲，且利於郵遞方便，乃選在成都市東郊上沙河堡四川師範大學北大門附近，傍「菱角」堰塘而築。其主屋原為一樓一底的懸山式草頂土木建築，李劼人特題名為「菱窠」。等到一九五九年，李再用其稿費，將住所改為瓦頂，木柱改成磚柱，並將二層升高，供其藏書之用。庭院中有溪水、曲徑及屋主生前手植果樹、花木多株。

早在一九五六年時，菱窠尚未改建，宋雲彬隨全國政協考察團來到成都，曾應邀至此看字畫、喝咖啡。宋氏頗多感觸，在當天日記上寫道：「李劼人是一個很懂生活的人。他家的房子是泥牆草頂，但裡面的陳設很講究，布置得很雅致。他說他的屋子因為泥牆打得厚，好比人家窯洞，所以冬暖夏涼，非常舒服。」

李劼人過世後，菱窠全面維修，成為今日格局。占地將近五畝，主屋及亭閣等面積，達二千平方公尺，目前仍是成都市唯一保存完好的名人故居。待一九八六年十月，名作家巴金重訪菱窠，睹物思人，曾感喟道，要好好保護李劼人故居，因為「只有他才是成都的歷史家，過去的成都都活在他的筆下。要讓今日的旅遊者知道，成都有過這樣一位大作家」。

當一九四七年時，李劼人另一創舉，再引起文壇騷動。起因為他在《四川時報》「華陽國志」專刊上，連續發表了四十三篇談飲食文化的文字，總標題為「中國人之衣食」。一年後，又將此改定為「漫談中國人之食衣住行」，發表在《風土什志》上，長達十七萬字。主要內容有〈食——國粹中的寶典〉、〈高等華人之吃人〉、〈老百姓桌上的功能表〉、〈勞苦大眾的胃病〉、〈「蔬菜之國」之謎〉、〈吃雞鴨方式之師承叫化子〉、〈吃的理想境界〉、〈豆製品〉、〈廚派．館派．家常派〉等等，而專談成都吃的，尚有〈成都鄉村飲食〉、〈強盜飯．叫化子雞．毛肚肺片．麻婆豆腐〉、〈成都人的好吃〉等美文。

此外，李劼人為自己作品中的四川方言，寫了大量的注釋，極具學術價值和趣味性。經曾智中、尤德彥二君在編《李劼人說成都》一書時，特加之分門別類，加以匯總，題為「蜀語考釋」。其關於飲食者，凡二十一種，標「飲食語匯」，極精簡耐讀，可供參考用。

如此高密度探討中華飲食文化，李氏首開其端，其最可貴的是，他從學者的角度，以作家的筆墨，以美食家的資格，在政治、經濟、營養、衛生、烹飪等方面，對中華飲食文化進行了一次大規模的梳理，大有功於食林。在現代作家中，對川菜進行派系風格的比較及精妙的理解，捨李劼人而其誰？

李氏亦對「烹飪藝術」從理論到實踐都有精深造詣，認為川菜中「繁複多變化的手法，不特西洋人莫名其妙，即中國人而無哲學、科學頭腦，以及無實地經驗、無熟練技巧者，也根本無法名其奧妙」。畢竟，川菜之品種多，做法更多，一法之中，又生他法。光是個蒸，大有學問。例如家戶人家有飯上蒸，館子裏有籠內蒸、過夜回蒸、隔碗蒸、不隔碗蒸、乾蒸、加水蒸等等。其他尚有煎、炒、炸、熘、烤、燒、燜、煨、熬、㷄、煮、烹、燉、炕、煸、烙、烘、拌等二十種基本手法。不過，戲法人人會變，還能玩出花樣，像是綜合之法，即「炸而復蒸，煮而又燒」。更有甚者，「有綜合二者為一組，有綜合三者四者而為一組，則奇中之奇，玄之又玄」，滋味千奇百怪，妙在高深莫測。

於是區區一塊肉和一把蔬菜，落到中國的中等人家主婦手上，他認為三天就有個變化，「第一次是白煮肉和炒素菜；第二必然是紅燒肉和肉絲炒菜；第三必是肉菜合做」，接下來的名堂可多啦！「煨啦、燉啦、燒啦、蒸啦，甚至鍋辣油紅嘩啦啦的爆炒啦，生片火鍋般的燙一燙或涮一涮啦，諸如此類，其要點在怎麼樣將其變一變，而吃起來味道不同，不至於吃久生厭」。實已將范仲淹的名言「家常菜好吃」的精蘊，發揮得淋漓盡致。

而與「烹飪藝術」互為表裡的，則是「烹飪美學」。此美絕非視覺藝術，而是專指味覺藝術。況且「烹飪作為一門藝術，凡只好看不好吃者，殊非這門『實用藝術』之正道」，而現在所存在著的，則是「某種只圖好看以騙取驚讚的取巧傾向」。旨哉斯言！目下創意菜當道，只在「色」字上下功夫，完全忽略吃的本旨，其實就是嘗個「味」兒。舉凡其色其香，皆在促進「玩味」，捨本逐末，莫此為甚。

基本上，此味好壞之關鍵，全在於「火候」二字。大要言之，中國之大，燃料來源各殊，爐灶不能劃一，只能以食品就火。此火又有文武之分。「文火者，小火也，微火也。加熱於食品也漸，所需時間較長；武火者，其焰熊熊火也，做菜極快」。例如炒豬肝片、爆豬肚頭，在烈火熱油的鐵鍋中，只消幾鏟子，就可以成菜，迅速且穩當。

且無論文火、武火，「過與不及皆不可」。其次，就在調味用鹽，「如何先淡後濃，如何急揮緩送，皆運用於心，不可言宣。故每每同一材料，同用一具，同一火色，而治出之菜公然各殊者，照四川人的說法，謂『出自各人手上』，意在指明每一樣菜，皆有作者的人格寓乎其間，此即藝術是也」。亦唯有如此，上口美味的好菜，它所帶給人的印象，才會「鑽筋透骨，一輩子也忘不了」。

李劼人個子不高，精神飽滿，眸子炯炯有光，說話清楚有力，言談間揮灑自若，不但有幽默感，而且先聲奪人，常使舉座皆驚。而他開朗而豪爽的性格，表現在吃菜上，尤其令人拍案叫絕。比方說，上白油蝦仁時，他端著大麴酒一杯，至少也有半兩，便往菜裡傾倒，同席無不愕然。但吃一口之後，必定接二連三。又，在享用鱔糊之際，他也會別出心裁，用小瓶胡椒傾倒於熱騰騰的鱔糊內，「添其辛辣，炙手可熱而食之」。此一食法，據車輻的描述，飯店經理「在驚詫中佩服這種新鮮別致的吃法，有如重彩潑墨，謂之曰食中之豪放派，亦無不可」。

患有胃疾的李劼人，平時在晚飯前，喜歡雅上兩杯，然後吃點滷菜。一九六二年時，家人從外地買回滷牛肉，未經消毒，食罷胃不舒服，上吐下瀉，以致痛得休克。全市群醫會診，搶救一週，藥石罔效，終因腎功能衰竭而與世長辭，得年七十一歲。

在他過世之後，家人遵其遺囑，將他歷年收集的古籍線裝書、圖書、報紙冊、雜誌等，共計二萬八千餘冊（其中綫裝書居大宗，達兩萬冊），全數捐給國家，現主要收藏於四川省圖書館，並有《李劼人藏書考》一書傳世，書香盈庭，遺愛人間，益見其人格之偉大。

總而言之，李劼人在飲食上的成就，套句女兒李眉的話：「我認為父親不單是好吃會吃，更重要的是，他對飲食的探索和鑽研，他之所以被人稱之為美食家，其主要原因大概在此。」這和車軸認為美食家得要「善於吃，善於談吃，說得出個道理來，還要善於總結」，有異曲同工之妙。而今成都之所以成為亞洲第一個「美食之都」，他所付出的努力，肯定有推波助瀾之功。

逯耀東文化食觀

約十餘年前，在一次偶然機會，曾和老報人王健壯用餐。當他聽完主人熊秉元的介紹，說我是美食家時，便問我是否認識逯耀東？我答以這幾年來，有幸和他老人家吃了不下五十頓飯，從台灣西岸吃到鹿港，東岸吃到台東，還曾在香港隨他享用「北京酒樓」，是位有道長者。他則笑著說：「逯先生是我大學的歷史教授，上課經常談吃，吃得極有品味，每道菜都如數家珍，即使是同一道菜，會賓樓、山西餐廳和一條龍之間的差異，皆講得頭頭是道，讓我十分神往。當時是窮學生，難隨夫子前往，無法領略其奧，而今回想起來，仍覺若有所失。」

逯耀東生於江蘇豐縣，台灣大學歷史系及研究所畢業，並獲國家文學博士（歷史學）。曾在台灣大學和香港大學任教，尤致力於魏晉史學及近代史學。晚年則傾心於飲食文化的研究，並開了「中國飲食史」、「飲食與文化」、「飲食與文學」等課程，引起廣大回響，本校選修學子甚眾，外界旁聽人士亦多，可謂盛況空前。然而，他一直想將開門七件事油、鹽、柴、米、醬、醋、茶的瑣碎細事，與實際生活和社會文化變遷等，銜接起來討論，並把飲食的淵源和流變，提升層次，自成體系，即使已登堂入室，亦收效甚宏；卻缺那臨門一腳，未能完成更多，便賫志以歿，實為食林一大憾事。

其年稍長，逯父在蘇州任父母官，家居在沈三白（《浮生六記》作者）住過的倉米巷，每天上學時，必經「朱鴻興」，吃碗大肉麵，而且蹲著吃。他形容那碗很美的麵，形神俱肖，指出：「褐色的湯中，浮著絲絲銀白色的麵條，麵的四周飄著青白相間的蒜花，麵上覆蓋著一大塊寸多厚的半肥瘦的燜肉。肉已凍凝，紅白相間，層次分明。吃時先將肉翻到麵下面，讓肉在熱湯裏泡著。等麵吃完，肥肉已經化盡溶在湯裡，和湯吞下，湯腴腴的鹹裡帶甜。然後再舔舔嘴唇，把碗交還。」描繪精彩，看了著實令人怦然心動。我初去上海時，到以蘇州麵點聞名的「阿娘麵」，特地叫了此麵，依其方式享用，果然非比尋常，一如店家宣稱的，「開心得舌抽筋」。後來首趟蘇州之行，也如願去「朱鴻興」，叫了碗大肉麵，一圓昔日食夢。

等到下學歸來，他就一頭鑽進灶下。其母已在灶上準備晚餐，忙著蒸包子或饅頭，切菜炒菜。此時菜香四溢，他雖腹中饑餓，「心裡卻充滿温暖的期待，只等母親傳喚拿筷子拿碗」，一家人遂圍灶而坐吃晚飯。此情此景，逯耀東始終難忘。另一件難忘的，則是每逢菊黃桂香的季節，都會吃不少壯碩的蟹。而逯父的朋友們，會結伴而來，執螯煮酒共話當年。他日後用餐，喜小酌數杯，其緣由即在此。

此外，自謙是「飲食文化工作者」的逯耀東，表示要勝任此職，必須「肚量比較大些」，不僅肚大能容，而且還得有個有良心的肚子，對於吃過的東西，牢記在心，若牛齝草，時時反芻」。關於此點，他可是身體力行的。而在其著作中，最使人動容的，首推嘗過油肉和炒蝦仁。

幼時在家鄉，他的四外祖母曾端一碗「民生館」的過油肉給他吃。這個北方菜館極普通的菜，出自山西，而且是魏晉南北朝才出現。其特色為肉片嫩軟微有醋香。逯氏除常自己調治此味外，早年也曾在台北的「山西餐廳」、「會賓樓」、「徐州啥鍋」和「天興居」品嘗過，「但總不是那個味道」。有次去陝西，一路到了延安，頓頓都吃這道菜，皆不滿意。後來在北京的「泰豐樓」，才吃到尚可的。等到回去家鄉，在「鳳仙酒家」亦品此味，但「已不復當年『民生館』的口味了」。其對滋味之堅持，由此宛然可見。

吃炒蝦仁亦不遑多讓，而且尤有過之。當他初訪江南時，前後兩週，包括臨上飛機前，「吃了十三次清炒蝦仁」，都遠不如早年在蘇州所嘗的美味，不僅料不新鮮，而且顆粒細小，真是不堪一食。等到內地經濟復甦，他再回去蘇州，朋友憐他未吃到可口的蝦仁，「餐餐皆有蝦仁」，與十多年前相比，「不論色香味，皆不可以道里計」。於是他將考察心得寫之如下：「在開放之初，從最初沒什麼可吃，然後再慢慢更上層樓，其間是需要一個過程，不是一蹴可成的。」唯自他老人家仙逝後，殊不知大陸經濟起飛，各種上佳食材畢集，司廚者手藝也非吳下阿蒙。海峽兩岸三地在飲食上，一消一長之間，早已今昔有別，他若得以觀察，體會定更深刻，一旦發諸筆端，其精微奧炒處，必能燦然大備，留下不朽篇章。

由於身處大時代的變局中，逯氏長住台北、香港；再因改革開放之後，大陸有了小吃攤子，「人民有閒情賣小吃，又有閒情吃小吃，生活才算可以湊合」，前後赴大陸二、三十次，「每到一地就吃當地風味，這些特殊的地方風味，只有在小吃攤和小吃店才能吃到，那才是人民真正的生活層面」。長此以往，便「味不分南北，食不論東西，即使粗蔬糲食，照樣吞嚥，什麼都吃，不能偏食」，自謂無心插柳，反而味有別裁，以歷史的考察，文學的筆觸，寫出一篇篇探訪美食的隨筆，膾炙人口，馳名中外。

其在台北方面，從早年守著書店的日子，談到中山堂左近的滄桑，先寫「山西餐廳」、「趙大有」、「隆記」；再從中華路出發，一路敘述「致美樓」、「真北平」、「厚德福」、「大同川菜」、「點心世界」、「小小松鶴樓」、「清真館」、「吳抄手」、「糝鍋」、「曲園」、「三合樓」、「昆華園」和後來桃源街興起的牛肉麵等等。將這地方南北皆有的吃食，雜陳著內地和本土，由現代飲食史觀察，不啻是台灣最大規模的接觸和匯合的起點，從而發現這一甲子以來「台灣社會變遷的痕跡」。等到中華商場繁盛時期，出現各地的小吃，均保持本身獨有的風味，「其中涵隱著載不動的沈重鄉愁」，經過此番百味雜陳的重要轉折之後，彼此互相吸收與模仿，接著再與本土風味匯合，逐漸形成新的口味，此即今之所謂的南北合。畢竟，飲食這種生活習慣，極易隨著生活環境而轉變，遂「水土既慣，飲食混淆，無南北之分矣」。而在地聞名的牛肉麵，他更多所著墨，一共寫了〈牛肉麵與其他〉、〈也論牛肉麵〉、〈再論牛肉麵〉、〈還論牛肉麵〉這幾篇，將此一今日紅火的大眾食品發揮殆盡，明其本末所以。

接下來分枝散葉，探討〈南陽街的口味〉、喝啥（鍋）、泡饃、滷菜、淮揚菜等源流及演變，道出台灣正處於口味混同的轉變階段，故一些小館子，「既售香酥鴨，又有豆瓣魚，還有三杯雞，也說不出是哪裡口味了」，因而本土與內地的菜肴共處一桌，無分彼此，大家照樣吃得其樂融融，不可能獨沽一味了。透過此一過程，形成對不同口味的認同和接納，最後萬流歸一，融合成一種雖不地道但可接受的新口味。

不過，經濟上的榮景，再度改變飲食習慣。於是一些專賣排場的川、粵菜館，「一季或幾個月就變一次菜式，迎合顧客的口味」，光在形式上耍花招，「華而不實，中看不中吃，聊無章法可言」。而他個人所愛食的，則是應運而生的「土吃」，保持著某種程度的神似貌似；也愛街坊的小菜館，它們「不媚不嬌不艷，樸實無華，菜式不多，風韻自成」。事實上，在經濟掛帥下，也唯有這兩種館子，才能嘗到真正的美味。

另，現在流行的創意菜，他並不怎麼欣賞，原因不外是「不知是什麼菜，斷流截緒，不知來自何處何典，全憑一己之念，憑空設想烹製出來的，烹者洋洋自得，食者（包括媒體）趨之若鶩。所謂美食家吃了人家的嘴軟，頻頻讚好，卻有相同的特點，就是價錢並不便宜」。顯然這種新潮且搞噱頭的菜色，難入他的法眼，更甭說嘗「鮮」了。

而在香港方面，自他在新亞書院求學起，一直到任教中文大學返台為止，前後待了超過二十年。即使已經回台，仍會抽出時間，住上個把星期，只為「兩肩擔一口，港九通街走」，探訪街坊小館或大排檔，這些以往常光顧的，才是真正港人吃的地方。又，消費者從茶樓轉變成茶餐廳，亦代表著香港的社會在變，飲食的取向也在變，而此一狀況，象徵的則是，「可能與傳統漸行漸遠」，且某一程度上，正標誌著「得慳且慳」的窘境。

尖沙咀的厚福街，只能算是條小巷子，而且是個死胡同，這可是他從上環潮州巷之後，最愛流連的所在。小小的街面，隱藏著十家小館子，而今此巷依舊在，「但兩岸的飲食店已是幾經滄桑」。除此而外，香港這個飲食天堂，在錢潮的席捲下，傳統的飲食業經營不易，尤其是小食肆，不是因「拆樓歇業」，就是「撐不下去，不玩了」。

以致他每去探訪這些店家，往往是興興然而往，悵悵然而返。當下地產兼併益烈，情況尤其嚴重，傳統美味之店，其碩果僅存者，早就屈指可數，他如地下有知，豈只感嘆一番而已？

大陸方面則不然。早年去大陸時，都會探訪當地的傳統小吃，比方說，在西安時，曾發現一小巷，興奮地對太太說：「這條巷子可愛，真可愛！這麼多的吃食。」後來舊地重遊，景物人事皆非，幸喜食物依舊。其後再去了鄭州、開封，也去參觀夜市，「發現他們越來越有閒而且也有錢了，於是山南海北吃起來」。同時，甚愛品嘗飲食小肆，體會平民真正的生活，勾勒飲食的文化。這當中，他最愛的，首推上海「德興館」。「或許正因為設備條件差，外來的人不多，才為上海本幫菜保留了最後的原汁原味。服務的小姑娘衣著樸素，但待客親切」，尤其是「散座的客人，都是衣著隨便的上海人，他們淺酌，他們談笑，悠然自在，無拘無束，菜尚未點，就喜歡上這個地方了」。至於其菜色，諸如「油爆蝦」、「白切肉」、「白斬雞」、「清熘蝦仁」、「紅燒鮰魚」、「草頭圈子」、「炒蟹黃油」、「蝦子大烏參」、「禿肺」、「下巴划水」、「扣三絲」、「雞骨醬」、「葱油芋艿」、「糟缽頭」、「走油拆墩」、「竹筍醃鮮」等等，都是地道的上海本幫菜，不失濃油赤醬的本色。是以逯耀東一共去了五次，足見其對弄堂餘韻喜愛之一斑。

他在大陸多次行走，足跡幾遍一半，到處尋訪故味，往往心之所嚮，一有感於內，即形諸於外，妙筆能生花，飄香滿文壇。像早期的〈更見長安〉、〈又見西子〉、〈三醉岳陽樓〉、〈從城隍廟吃到夫子廟〉，篇篇精彩，耐人尋味；而晚年的〈豆汁爆肚羊頭肉〉、〈來去德興館〉、〈多謝石家〉、〈海派菜與海派文化〉等，寓食於教，循循「膳」誘，讀來興味盎然，不覺饞涎欲滴。

又，自謂「自幼嘴饞，及長更甚，在沒有什麼可食時，就讀食譜望梅止渴。有時興起，也會比葫蘆畫瓢，自己下廚做幾味」的他。起先讀的是名家經驗累積，或具有地方風味者，後來因凡事喜歡追根究柢，再向古食譜叩關。進而深入研究其源流及演變，方寫出〈食譜和中國歷史與社會〉這樣鞭辟入裡且旁徵博引的大道理、大手筆。然後，就《四庫總目提要》做進一步發揮，精彩萬分。

《四庫總目提要》將飲饌之書自農、道兩家析出，與金石圖錄、文房四寶、清玩百珍、花卉香譜並列於《譜錄類》，於是「飲饌之書超越儒道兩家的範疇，與其他日常生活事物相結合，形成一種生活的藝術。因此飲食……像其他的文學與藝術一樣，必須具有一定的品味、格調與情趣。明清出現大量的文人食譜，反映了這種發展趨勢」。而這當中，最具代表性的，必以清人袁枚的《隨園食單》稱尊。

袁枚這本總結明清文人食譜的重要著作，實為跨時代的巨著，逯氏特為此寫了〈袁枚與明清食譜〉一文，詳為推介，頗值一讀。我亦不揣固陋，為《隨園食單》一書詮釋，光是二十則短文的〈須知單〉，即註解了十八萬字，書名為《點食成經》，由麥田出版社出版，諸君如有興趣，可以一併參考。

另，在一九九九年「飲食文學國際研討會」時，沈謙發表一篇〈從陸文夫「姑蘇菜藝」談美食文化〉，由逯耀東講評。他指出：「蘇州菜的特色是油而不膩、淡而不枯，源遠流長，明清文人食譜，留其遺韻。所以，討論文學作品中所描繪的飲食，不能直接作為材料用，必須先經過一番考證的過濾。陸文夫的《美食家》當如是，討論《金瓶》、《紅樓》的飲食亦復如是。」關於此點，他可是劍及履及，早年的〈「霸王別姬」與《金瓶梅》〉、〈誰解其中味〉等長篇，即透露些端倪。晚歲在人間副刊發表的〈紅樓飲食不是夢〉、〈茄鯗〉、〈釋鯗〉、〈茄子入饌〉、〈老蚌懷珠〉、〈櫻桃鰣魚〉、〈南酒與燒鴨〉等短文，亦填補紅學及金學在飲食資料的不足，其精妙處，甚值玩味。

就自家燒菜而言，逯氏在書中也提了一些，但我個人最喜歡的一段，出自〈吃南安鴨的方法〉，他寫道：「太太出門後，無所阻礙，廚房可供我縱橫，……取出昨夜吃剩的煲仔飯。將油鴨切茸，過油炸脆，以餘油製蔥油，下蛋入飯炒之，加脆鴨茸並芹菜末即可。砂鍋裡餘下鍋粑添水煮成粥，配以新東陽的肉鬆、自製的辣椒蘿蔔、此地（註：當時在香港）廖伽記的腐乳、揚州的醬瓜、潮州欖菜，另有松花（即皮蛋）一枚，下嫩薑末加鎮江醋，有大閘蟹的香味。飯罷，泡『梅山』比賽茶一壺，閉目臥靠在沙發上，突然想起顧亭林與人清談，往往會捻著眉毛說，又枉了一日，我撫著自己的肚皮，暗聲說了句慚愧。」這種飲食情趣，令人心嚮往之。

逯氏的吃，極為專情，只要對味，一再光臨。在台北任教時，小食方面，愛吃老徐的泡饃，老傅的醬牛肉、醬口條、符離集燒雞，老張的醬牛肉、牛盤腸，沙蒼的白切羊肉、白滷（牛肉、肚、口條）等；餐廳則好「天然臺」、「郁坊小館」、「永寶」、「滿福樓」等多家。他吃了幾十年的「天然臺」，不但屢將「中國飲食史」的學生帶來品嘗實習，自己的七十壽筵，亦由這裡操辦；「滿福樓」乃是他和六位台大歷史系教授，每個月固定聚餐之所，採輪流作東制，稱「轉轉會」。不過，常常兩肩擔一口，各地通街走的他，仍抱持欣賞的態度，只要碰上合口味的，都會去試一下。他亦重視「境界」，強調「這是由情趣、感情、情境合成的一種品味，與吃的精粗無關，更不是燈火燦然、觥籌交錯的那種表象」。而他心目中的境界，亦非遙不可及，而且無所不在，只要身歷其境，細品其中況味，即能優入聖域。

杜甫的〈贈衛八處士〉這首詩，即是如此。諸君試思：見到三十多年前的老朋友，兩人鬚髮盡白，約去家裡吃飯，半夜沒什麼菜，在雨夜園子裡，剪了一些韭菜，煮一鍋黃米飯。老友久別重逢，細說別後滄桑，案上燈火搖曳，堂外春雨淅瀝，不知今夕何夕！也唯有融入此一情景，飲食才有生命，提升到精神與文化層面。

對於吃的態度，又是另番景象。一種是從容自在，另一種是奮不顧身。總之，在在令人為之神往。

前者是他的恩師沈剛伯在世時，常講到以前在南京中央大學教書當兒，「時時到夫子廟吃小館，吃罷抹嘴就走，一年三節總結帳一次」，著實讓他嚮往。後來他去南京，徘徊夫子廟前，就有探尋沈先生當年生活痕跡的意味。

後者則是他肚大能容的寫實。例如他初訪西安的某一上午，走在街上，嘴裡咬著飥飥饃夾臘牛肉，隨即坐在油茶店內，「來一碗油茶泡麻花，然後還買了個油酥餅，邊走邊吃」，太太看了，在後面說：「肚子，注意你的肚子，細水長流啊！」他回頭笑道：「嘗嘗，只是嘗嘗，每樣都嘗嘗。」真性情流露無遺。而走訪蘇州玄妙觀時，在「陸稿薦」匆匆買了一塊「醬汁肉」，「出門就往嘴一塞，太太站在店外等我，見我這副吃相，就說：『你看、你看，哪像個教書的。』」他則一面吃一面說：「我現在不教書，我是人民。」字裡行間，洋溢著自得食樂，羨煞人間萬戶侯。

我之所以和逯老結緣，想來還真機緣湊巧。當我正撰寫飲食文章並涉足飲食文化領域時，接連讀了兩本他的飲食集子，分別是《祇剩下蛋炒飯》和《已非舊時味》，頓開茅塞，受益良多。早就想登門請益，請老人家指點門徑。當他返台任教，即由食友翁雲霞引見。我特地約在「上海四五六菜館」，並請老闆徐明樂親炙本幫佳肴。自這回相見歡後，「領導」翁雲霞就居中連絡，共享了「鱈園」、「悅賓樓」等十數家餐廳，他亦回請「天然臺」、「永寶」及「郁坊小館」等，大家吃得不亦樂乎，津津樂道至今。

後來在我的安排下，與他及老一輩飲食作家、時年八十歲的童至璋先生等六人，一起在「將軍牛肉大王」用膳，由「奇庖」張北和獻藝。除六中盤紮實的前菜外，尚有「頭頭是道」、「五爪金龍」、「水鋪牛肉」、「無羶砂鍋羊肉」、「將軍戲鳳」、「鮑魚之肆」（每人一只如手掌之大鮮鮑）、「臭鱖二做」、「蟲草鳩脯」和「桑鳥湯餃」（每人六隻）等大菜，珍錯悉出，取精用宏，讓人目不暇給。我正值壯年，肚量本大，全部吃畢，毫不稀奇，但童、逯（時方六十）二老，居然有始有終，全部吃個精光，我當下即駭然，只願年過八旬，尚能如此健啖，那就口福無限，肯定不虛此生。還有一次吃花蓮的「滿妹豬腳」，他亦放懷大啖，整隻蹄膀落肚外，尚吃不少豬腸結，舉桌相顧失色，人人奉若神明，真個非比尋常。

「榮華齋」的奇遇，理應帶上一筆。當吃罷屠熙老爺子精彩絕倫的羅宋湯及幾道美味，吾子丹庠尚在襁褓，逯老抱著肥胖可愛的他，笑問屠老道：「台北可有好吃的烤鴨？」回說：「好的師傅凋零殆盡，僅『陶然亭』小宋烤得不錯，可以一食。」於是安排我們去品嘗，準時出爐，隨片即食，果然妙不可言。日後小宋辭廚，在自立門戶前，逯老非但替店家取名「北平全聚德」，另贈「和而不同」的匾額，並規畫一些老菜，日後生意火紅，成為台北一絕，此即「宋廚」之由來，其遺愛迄今仍未止歇。

就在陸文夫逝世前，兩人相會蘇州，彼此惺惺相惜。而這次兩岸著名美食家之歷史性會面結束，並先後謝世後，其象徵之意義則是：從此蘇州的文人生活，以及飲食的品味，皆已隨風消逝，可能不復再見。

逯老生前出版的《出門訪古早》與《肚大能容》二書，實已將「吃」是文化的一個環節，而且是長久生活習慣積累而成的精蘊，發揮殆盡，顛撲不破。在台灣有「趨勢大師」之稱的詹宏志，曾撰文指出：「我自己最愛讀的飲食文章，出自逯耀東先生之筆。逯先生為文不失歷史教授本色，談吃常常能述其淵源變革，使讀者多聞多識，這是閱讀的知性之樂；逯先生自稱『兩肩擔一口』的文章，又常常揉合自身的際遇，以及社會變遷的滄桑，這其實是文章最感性、也最餘味無窮之處。有好幾篇我讀之動容的文章，作者在其中反覆追尋，其實吃到的，常常是走了味的文化與變了調的歷史。他吃了什麼，我有時反而記不得；而那些吃不到的，寓意著社會變化的流失、一些生活情調的死亡，往往才是文章最曲折動人處。」旨哉斯言，剖析透徹，逯老悲壯傷感的筆觸，縱橫兩岸三地的書寫，謂之「筆端常帶感情」，「無入而不自得」，其誰曰不宜？其誰又曰不可？

胡適的飲食生活

本名胡適之的胡適，他之所以改名，據悉乃因推行白話文運動時，到處打筆戰，有人譏誚他，連名字都不是白話，如何從事此運動？於是他去「之」字，變成了胡適。

又，一九三一年時，清華大學舉行新生入學考試，國文這一科，由名史學家陳寅恪出試題。其中的一題，就是做對子。上聯為「孫行者」，要對出下聯來，結果一半以上的考生交了白卷。當時正值白話文運動蓬勃發展，在矯枉過正下，有人在報上攻擊清大，不該要新生做對子，群起響應。

陳出來答辯，指出做對子最易測出學生的理解程度，在寥寥數字中，已包含對詞性的了解，以及平仄虛實的運用等，他的解釋發表後，「茶壺裡的風暴」自然也就平息了。

但此一人名對，卻引發不少回響，在讀者的來函中，以「祖沖之」（南北朝的大數學家）、「王引之」（清代著名小學家）、「胡適之」三者最佳，祖孫並連，合於平仄，為上上選。而以胡孫喻猢猻，則引人發噱。不過，這個諧音借對，對仗稍欠工整，終究落入下乘。

胡適之，原名嗣穈，學名洪騂，字希彊。改名胡適後，則字適之，筆名有天風、藏暉等，安徽績溪上莊村人。他提倡寫白話文，並強調新式標點符號的重要性，須大力推廣。特別以「下雨天留客天留我不留」為例，說明若無標點符號，既可讀成「下雨天，留客天，留我不？留。」；也可讀作「下雨天留客，天留我不留。」這兩種讀法，意思全不同，其重要性，不言可喻。

過四十歲生日時，他的好友之一，著名的地質學家丁文江，以他在五四時期，率先用白話作詩，乃以白話作了一副對聯，為他賀壽。此壽聯很有意思，全文為：

憑咱這點切實功夫，不怕二三人是少數；
看你一團孩子脾氣，誰說四十歲為中年。

另，一九二九年夏，胡適應邀到上海公學附設暑期學校，講授「中國近代三百年思想史」。鄰近各大學的學生，久慕他的才名，紛紛趕來旁聽，蔚成學壇盛事。

胡適上講臺後，旁徵博引，談笑風生，引用各家學說時，必將原文端端正正地寫在黑板上，接著在下面，註明「某某說」。例如引用顧炎武的話，則加註「顧說」；引用黃羲之的話，則加註「黃說」。待介紹並解析各家的說法後，他才連說帶寫地道出自己的看法、結論，並註明「胡說」兩字。原本屏氣凝神、安靜聽講的學生們見狀，無不哄堂大笑，氣氛跟著輕鬆起來。

胡適對待朋友，十分夠意思，且極端熱誠。齊如山曾撰文說：「我與適之先生相交五十年。在民國初年，他常到舍下，且偶與梅蘭芳同吃飯，暢談一切。一次，梅在『中和園』演戲，我正在後臺。適之先生同梅月涵、周寄梅兩位先生，忽然降臨。我問他：『你向來不十分愛看戲的，何以今晚興趣這麼高？』他已微有醉意，說：『我們不是來看戲，是來看你。』後來，他還在醫院中，給我寫了兩封很長的信，一封是討論〈四進士〉這齣戲的意義，他說：『所有舊的中國戲劇中，以〈四進士〉的臺詞最精彩，因為大部分的念白，接近白話文。』」

胡對梅蘭芳相當愛護。梅出國演劇，曾預先印了一本特刊，胡親自為之校閱。且梅的英文演講詞、宣傳品，都經胡適改正過的。又，胡對齊白石甚為欽佩，並與黎錦熙、鄧廣銘，合編過一部《齊白石年譜》。

由上可見，胡適交遊廣闊，且興趣甚廣，除學界人物外，各方藝壇人物，都有一定交情。

一九一七年時，二十七歲的胡適學成歸國，到北京大學任教，應酬頻繁，一一記載於日記中。除中央公園的幾家外，尚有「陶園」、「華東飯店」、「雨花春」、「六國飯店」、「東興樓」、「瑞記」、「春華樓」、「廣陵春」、「廣和居」、「南園莊」、「大陸飯店」、「北京飯店」、「擷英番菜館」、「明湖春」、「扶桑館」、「濟南春」等等。依《胡適的日記》上的記載，最常去的一家，乃是「東興樓」，至少記了十次。

依逯耀東《出門訪古早》的敘述，「據說東興樓是由清宮裡一個姓何的梳頭太監開的，所以能烹幾樣宮味，如沙鍋翅、沙鍋熊掌、燕窩魚翅。其兩做魚與紅油海參，就是典型的宮廷菜……尤其醬爆雞丁，嫩如豆腐，色香味俱全，堪稱一絕。清蒸小雞也是他家的名菜……生意興盛了一個時期，胡適常常來東興樓，因為東安市場距沙灘北大第二院近，北京大學同仁，多在這裡餐敘。」可見菜好固然重要，地利尤為主因，而東興樓的房舍高大，為「談得很久」，創造了最有利的條件。

又，胡適少小離鄉，鄉情甚濃，關心安徽的事，是以常和安徽同鄉餐敘。在日記中記了七次，而用餐的地點，皆選在「明湖春」，這是個山東館子，銀絲卷蒸得極佳，而所售數款山東菜中，胡適對「麵包鴨肝」情有獨鍾。

以往放洋留學，胡適和外國人的飯局，多吃西餐。認同西人請客吃飯，只到一處，不重複，不興一餐赴數處；加上宴會簡單，不多用菜肴，不靡費。尤其買書太多、經濟窘迫之時，更是如此。

在日記中，胡適去了「北京飯店」兩次，都是別人宴請，如一九二一年六月二十六日：「夜間杜威先生一家，在北京飯店的屋頂花園，請我們夫婦吃飯。同座的有陶（行知）、蔣（孟麟）、丁（文江）諸位。」

北京飯店原是小酒館，幾經換手，於一九一九年，也就是五四運動的那一年，在原紅樓西邊，增建七層法式洋樓，收費極高昂，餐廳在一樓，七樓有花園酒吧與露天舞池。而在赴宴時，須衣著整齊。若非別人請客，胡適自己絕不會到這裡來消費的。

另有一家「擷英番菜館」，專賣高檔西餐，位於前門外廊坊頭。四周是金銀珠寶店，乃開在金銀窩裡的一家西餐館，消費亦甚昂。在其日記中，看到了三處，是別人邀飯或洽公。如果自己想吃西餐，他會選擇去西火車站。當時車上附有餐車，由交通部食堂經營，並在西車站開了家西餐廳。這裡地點適中，價錢也算公道，是許多教師和文化人理想的用餐所在。

據陳蓮痕的《京華春夢錄》記載：「年來頗仿效西夷，設置番菜館者，除北京、東方諸飯店外，尚有『擷英』、『美益』等番菜館及西車站之餐室。其菜烹製雖異，亦自可口，如布丁、涼凍、奶茶等，偶一食之，芳留齒頰，頗耐人尋味。」胡適日記的記載，不啻是現身說法。

基本上，胡適食事雖多，談不上是食家，卻在其日記內，保留不少資料，可供後來研究，或許是「無心插柳柳成蔭」吧！世事之變化，每出人意表。

曾飄洋過海的胡適，在其內心深處，仍愛鄉土里味，而逢年過節都吃的「徽州鍋」（俗稱「一品鍋」），特別對他胃口。這所謂的徽州鍋，食材是豬肉、雞、蛋、豆腐、蝦米等，以大鍋炏熟。其最豐盛的有七層，底層塾蔬菜。菜蔬視季節而定，筍頗受歡迎，最妙是冬筍。由於徽州多山，山區出產好筍。據《徽州通志》載：「筍出徽州六邑。以問政山者，味尤佳。箨紅皮白，墮地即碎。」二層用半肥瘦豬肉切長方形大塊，一斤約八塊為度。三層為油豆腐塞肉，四層是蛋餃（攤鴨蛋作皮，包菠菜、豆腐、瘦肉等作餡的蛋皮餃子），五層為紅燒雞塊（或用魚塊），六層則鋪以煎過的豆腐，最上一層為帶葉的蔬菜，覆滿為止。起初以猛火燒，待有水滚聲，再改成文火，其好吃與否，就看火候了。燒時不蓋鍋蓋，用鍋裡的原汁，一再澆淋其上，約兩時辰即成，吃時原鍋上，須逐層食之。

此一徽州鍋，做法和湘北、顎南一帶的「燒缽子」雷同，也近似安徽名肴的「李鴻章雜燴」。其食材的多寡及良窳有異。後者尤為費工，須取發好的海參、魚肚（花膠）、鱿魚、熟火腿、玉蘭片、腐竹等，均切成片，鴿蛋十二枚煮熟去殼。雞肉、豬肚與十粒干貝加蔥結、薑片、料酒上籠蒸透入味後，雞肉與豬肚亦分別切片，干貝則搓碎撕茸，並用剁成的魚肉泥滾沾干貝絲成球狀，再上籠蒸熟。接著將切片的各料和熟鴿蛋、干貝絲魚球、水發香菇一起下鍋，接著以雞高湯及調料續燒。以上所述的，為前置作業。

大致而言，此三種鍋的特點，在於多味複合，鮮醇味厚，香而不膩，鹹鮮適口，佐酒下飯，無以上之。

徽州人善於經商，他們所以經營成功，除精打細算外，主要是和氣生財，面面俱到。胡適初到上海，曾和二哥學做生意，自然深諳此道。他後來除了共產黨外，能和各方維持良好、卻不親密的關係。此為其成功的因素之一，但也使他陷入無盡、無謂又無聊的應酬之中，而難以自拔。以上是食家亦是名歷史學家逯耀東的觀察。

由於中國的知識分子自古以來，都是依附於政治或政治的權威下，屬於政治幫閒的角色。逯氏又謂：「胡適似乎創造另一種中國知識分子的典型，那就是周旋於政治之間，自置於政治之外……真不知是他玩了政治，還是政治玩了他。」結果，「不僅是胡適個人的悲劇，也是早已存在的中國知識分子的悲劇。」職是之故，他的社交化成飯局，在北京的酬酢中，為飯店平添幾頁史話。

知名作家李敖，曾披露一封塵封數十年的信件，那是胡適當年要寫給他，但始終未寫完的遺稿。在這封信裡，胡適對李敖撰寫的〈播種者胡適〉一文，提出指正。譬如他說：「此文有不少不夠正確的是，如說我在紐約『以望七之年，親自買菜做飯，煮茶葉蛋吃』……其實我就不會『買菜做飯』……。」

事實上，胡府主中饋者，為其妻江冬秀。他們的這樁婚事，本身充滿著傳奇，直讓人津津樂道。

胡適在「五四」運動時，贊成打倒孔家店，不想其婚姻卻與當時多數人一樣，仍是憑「媒妁之言，父母之命」。當一九〇四年，胡年十四歲，經母親做主，與江冬秀訂婚。到胡十八歲那年，兩家準備舉行大婚，他推辭以學業未成，還寫了首新詩，「記得那年，你家辦了嫁妝，我家備了新房，只不曾捉住我這個新郎」（見《嘗試集．新婚雜詩四》）的詩句來。

一九一七年，胡適已赴美留學七載。胡母擔心兒子長年在外，婚姻有變，便假病急電催歸，並於當年底完婚。胡適寫了兩副對聯。其一：「三十夜大月亮，二七歲老新郎。」其二：「舊約十三年，環遊七萬里。」

第一聯為新婚夜的調侃之辭（註：結婚日為十二月三十日）。第二聯的上聯，指他們訂婚達十三年，此即〈新婚雜詩〉第二首所說：「回首十四年前，初春冷雨，中村簫鼓，有個人來看新郎，匆匆別後，便將愛女相許」之時；而下聯指留美七年的旅程。

婚後，兩人相敬如賓，中間以胡表妹曹誠英介入，一度鬧離婚糾紛，但在親友排解下，終於言歸於好，從此懼妻更甚。在台北之時，有天說笑話，講到男人要「三從四得。」

三從：「一、太太出門要跟從；二、太太命令要服從；三、太太說錯要盲從。」四得：「一、太太化妝要等得；二、太太生日要記得；三、太太打罵要忍得；四、太太花錢要捨得。」

從不諱言「懼內」的胡適，非但不覺得很不光彩，還曾大力提倡「怕老婆運動」，並笑著表示：「我是卯年出身，生肖屬兔，而太太乃寅年出生，屬虎；兔子怕老虎，不是很自然的事嗎？」說起來像天經地義，其實有其苦衷。

有趣的是，友人從巴黎寄來數十枚法國古銅幣，胡把玩之時，發現錢上有「PPT」三個字母，諧音恰為「怕太太」。於是和朋友開玩笑說：「如果成立一個『怕太太協會』，這些剛好可以當作會員的證章。」

一九四四年出刊的《民國吃報》，有一篇文章，標題為〈請為我留一塊肥嫩紅燒肉〉，副標則是「胡適喜歡吃肥肉」。內文記載著：「據說每次《獨立評論》同事聚餐，與會同事會把肥肉留給胡適，讓他吃個痛快。」如果真的如此，我便和他一樣，可謂口有同嗜。因為台灣早年黑毛豬的五花肉，肥的部分，有如凝脂，望之甚美。紅燒之後，甘甜腴爽，油而不膩。家母通常用水豆豉，連肉一起加好醬油紅燒之，我則連盡數塊，一碗飯落肚矣。至今思之，饞涎即垂。

江冬秀的廚藝，可是眾說紛云，有謂擅長東坡肉、徽州鍋等，說得活龍神現，只是孤證不立，而且張冠李戴。唯有一點，倒是可確定的，那就是「炒豆渣」。

據伍稼青所輯的《民國名人軼事》裡，有一則寫道：「江冬秀在美國時，有次打電話給友人，請到她家吃豆渣，她還說：『這是在美國吃不到的好小菜，要來趕快來！』友人在赴召的途中想，豆渣是製做豆腐時，剩下的渣滓，在國內各省，用它做餵豬的飼料，怎麼老太太會拿它來請客？後來，一大盆豆渣上了桌子，這才知道原來加了五香雜料，用油炒過，十分可口，這是安徽農民最普通的下飯菜。」

豆腐渣確為至廉之物，但只要肯用心料理，便能化腐朽為神奇。食家唐魯孫出身官宦世家，家中卻有兩款「炒豆渣」，料足味美，一葷一素，稱譽食林。

其中炒素的，管它叫「素肉鬆」，其素炒的豆腐渣，「最好是用花生油，先把油燒熟，隨炒隨加油，等炒透放涼，自然香脆適口。如果放點雪裡紅、筍片同炒，更是吃粥的雋品。」而用來炒葷的，則先把火腿剁成末，再以火腿油同炒，其妙在「瀋色若金，味更蒙密」。其味美，自可想而知矣！

有個事兒有趣，理應附記一筆。此乃章士釗和胡適的文白「反串」。話說胡適一心一意提倡白話文，而章士釗則詆白話文為淺薄；章以古文詞稱雄當時，卻被胡譏之為「死文學」，因而結下了梁子。

兩人在北平（今北京）時，有次偶然同席，相談甚歡，乃合攝一影，今謂之「同框」。且各自題詩詞於其上。章寫的是白話詞，胡則題了一首七言絕句。這個士林趣事，人或比之為京劇演員的「反串」演出。章之詞為：

你姓胡來我姓章，你講什麼新文字，我開口還是我的老腔；
雙雙並坐，各有各的心腸；將來三、五十年後，
這個像（相）片好作文學紀念看；
哈！哈！我寫白話歪詞送給你，總算是俺老章投了降。

而胡適所題的詩，則是：

但開風氣不為師，龔生（註：指清詩人龔自珍）此言吾最喜；
同是曾開風氣人，願常相親不相鄙。

在如火如荼的白話文學運動時，這段珍貴軼事，其能傳諸久遠，稱得上是萬古常新。

于右任鍾情北饌

當我讀高中時，在中文課本內，有一篇名〈自述〉，作者為于右任。讀畢受他感召，增長革命精神。前後看了十數遍，每回都有新體認。後來愛其書法，每每諦視不倦。他於飲食一道，亦有真知灼見，令我佩服不已。

于右任，名伯循，字右任，以字行。原籍陝西省涇陽縣，後改籍三原縣。生於清光緒五年（一八九七年），卒於一九六四年，年八十六。

他二歲喪母，以家計無著，父覓食外省，賴伯母撫育。幼年曾牧羊，刻苦力學下，二十五歲時，中試為舉人。富革命思想，憤清廷喪權辱國，時作詩文譏評之，為當路所忌，乃亡命上海。後於吳淞創辦復旦公學，並赴東京加入「同盟會」。回國後，辦《神州》、《民呼》、《民立》等報，鼓吹革命甚力。以言論激烈，曾兩度入獄。辛亥革命成功，任交通部次長。因憤軍閥禍國殃民，組織「靖國軍」，響應護法。北伐成功後，歷任審計部部長、監察院院長等職。

于氏工詩，擅長書法，俱卓然成家。書法尤知名，首創「于右任標準草書」，被譽為「當代草聖」、「近代書聖」、「中國書法史三個里程碑之一」，是堪與王羲之、顏真卿鼎足而三的近現代偉大的書家。由於其行楷疏宕起伏，草書大氣磅礡而充滿狂意，且寓拙於巧，融大草、小草以及章草於一爐，體圓筆方，神靈如飛，筆筆遒勁，號稱「于體」，名書法家啟功撰詩讚譽，詩云：「此是六朝碑，此是晉唐草，力透指背時，筆濡無糾繞。壯士百年心，詩懷證蒼昊。未登展覽堂，誰能識斯老。」可謂推崇備至。

于老晚年時，草書上的造詣，更是出神入化，堪稱字字奇險，絕無雷同之處。時呈平穩拖長之形，時而作險絕之勢，時而與主題緊相黏連，時而縱放宕出而回環呼應，雄渾奇偉，瀟灑脫俗，簡潔質樸，予人儀態萬千之感。又，其筆筆隨意，字字有別，大小欹正，無不恰到好處。而結體重心低下，用筆含蓄儲勢，望之渾然天成，正是他所倡導標準草書「易識、易寫、準確、美麗」的具體實踐，以簡馭繁，從容不迫，揮灑自如，爐火純青，當今之世，捨君其誰！

有人評于老的字，說：「有的沈靜如處子，有的飛騰如蛟龍，有的勇猛如武士，有的圓美如珠玉，有的蒼勁如奇峰，有的柔回如漪波，有的憨態逗人迷，有的痴態使人醉，有的躍躍欲起飛，有的如瀑布直流，有的如野馬狂奔，有的如古樹懸空……每一個字，莫不神話。」此言深合我心，人而有此評價，堪稱不虛此生。

于老過世後，鄭曼青贈以輓聯，足以概其平生。聯云：「創標準草書，傳驚人之句；因革命而起，竟盡瘁而終。」

而在食事方面，可記之處甚多。據食家唐魯孫的說法，于的家鄉三原，「一般人總認為陝西地處邊陲，風高土厚，講到吃，不過是大鍋盔、牛羊肉泡饃一類粗吃……無論如何比不上南饌珍味」，但三原的上等酒席，各有獨特之祕，例如天福園的「海爾膀」，其實就是冰糖肘子，其爛如泥，入口即化；賓和園的「白風肉」，用花椒鹽水燜爛，很像鎮江的肴肉，以此夾麻餅吃，肥而不膩，頗能解饞；薈芳齋專做素席，純粹淨素，茹素者可放心食用。而迎接新姑爺回門，席面上四海味、四冷葷、四乾果，桌子正中，則放著徑尺空盤子，入席之後，除四乾果外，一起倒入其內拌攪饗客，號稱「十三花」，眾香四溢，其味醇美。以上故鄉之食，于應都嘗過，但有道「攪瓜魚翅」，倒和他有直接關係，值得一提。

原來明福樓有道拿手菜，叫做「攪瓜魚翅」，據其掌廚的張榮說，把攪瓜（註：又名金絲瓜，主產於長江口的崇明島）擦成透明的細絲，名字叫魚翅，實際上是攪瓜絲，素菜葷燒，再一勾芡，誰也不敢說不是魚翅，這是于右任的親授，後來流傳漸廣，一般人家也有這道素魚翅吃了，由此亦可見，于老精於飲饌的一斑。

平日愛吃麵食的于老，某日同仁投其所好，請他到家吃個拉麵，事前再三交代廚師，要做得好一點，藉博貴客歡心。廚師抖擻精神，使出渾身解數，端出來的拉麵，根根細如銀絲。于老邊吃邊說：「好！好！」但同時問：「有沒有粗一點的？」

廚師依言改上如燈芯般的麵，他吃一口，又說：「好！好！」但還是問：「有沒有粗一點的？」廚師再換來似韭菜葉粗的麵。于仍舊問：「可更粗一點嗎？」最後送來的麵，比皮帶還要粗。結果他登時大喜，一口氣吃兩大碗。

事後，該廚師沒好氣地說：「這明明是鄉巴佬吃的嘛！有什麼手藝可言呢？」

原來又稱抻麵、抻麵和搼麵的拉麵，其製作過程中，凡雙手握住長狀麵抔兩端，提起在案板上揉打，並順勢拽拉變長，接著對折並兩手上下抖動，左右抻拉變長，如此不斷對折、抻拉下，每對折一次，稱之為一扣，麵條越抻越細。一般而言，八扣稱「一窩絲」；特別考究的，則九到十一扣，稱之為「龍鬚麵」；而最常見的，乃「把兒條」和薄、扁的「韭葉」；如果再粗一些，就是「簾子棍兒」。此外，尚有大寬（波浪）、中寬（皮帶）之分，形狀近於片兒麵，口感Q彈有勁，最對于老胃口。

基本上，喜吃青菜、蘿蔔，本就各有所愛，于老特愛吃有咬勁的麵，應該是牙口不錯，才有如此嚼勁。

還有個軼事，很值得一提。原來某日，他應邀參加一個餐會，酒足飯飽之餘，主人拿出紙筆，請他題字留念。此時他已酩酊，隨即趁著酒意，糊裡糊塗寫下「不可隨處小便」六個字，隨即告別離去。

第二天，主人登門造訪，並將此「墨寶」攜去請教。于右任見狀，知道是自己酒後失態，趕緊向對方致歉，接著沈吟半晌，取出剪刀剪字，重行排列組合，乃笑著表示：「你瞧瞧，這不是很好的座右銘嗎？」

主人定睛一看，發現變成「小處不可隨便」，頓時發出笑聲，持書拜謝而去，傳為士林美談。

于右任愛食北饌，他在南京任上，曾為清真名館「馬祥興菜館」題了招牌，這是當時南京市首屈一指的餐館，其四大名菜，為「美人肝」、「松鼠魚」、「鳳尾蝦」和「蛋燒賣」，另有「胡先生豆腐」等佳肴，右老位居要津，免不了要應酬，這些菜全嘗過，自在情理之中。

據有「金陵廚神」、「廚王」稱號的胡長齡回憶。一九三四年秋，此時他在夫子廟「金陵春飯店」掌勺時，少帥張學良訂了四席「燕翅雙烤席」，這是典型的「京蘇大菜」。其菜式為：先上四花盤、四鮮果、四三花拼，四鑲對炒，接著的大菜，則有「一品燕菜」、「黃燜排翅」、「金陵烤鴨」、「麒麟鱖魚」、「菊花蟹盒」、「蜜製山藥」、「砂鍋菜核」等。另，甜點為「蘿蔔絲酥餅」、「四喜蒸餃」、「棗泥夾心包」及「冰糖湘蓮」四道。

赴宴者有國民政府高官林森、邵力子、于右任、吳稚暉等人，為示隆重，餐具全用純銀製成。席罷，張學良最欣賞「金陵烤鴨」，誇讚酥、香、脆、嫩兼備。這道菜我曾在「金陵大飯店」品嘗過，確有不凡之處。但我比較好奇的是，右老嘗了此席美饌，不知最喜歡的是哪一味？

于右任隨著國民政府遷台後，公餘之暇，寄情翰墨，尤致力於編撰《標準草書》，也曾筆墨應酬，題字店家。其中有一山西老鄉開的小油醋行，請他題寫店名，此即是「鼎泰豐」。他萬萬沒想到，在身故數十年後，這個蕞爾小店，已成餐飲集團，揚名於全世界，其招牌的「小籠湯包」，更是有口皆碑。

而在飲食方面，他仍情鍾北饌，最常去賞味的，首推「會賓樓」。此樓初設於上海，一九八四年遷台，初設於西寧南路，後轉往中華路，大廚為王鴻廣，既有北方大塊文章，也不乏精緻小品。其「醬大蹄」、「紅燒海參」、「燒子蓋」、「菊花雞」、「燴烏魚蛋」、「白切羊肉」、「醋椒魚」及「炒肉絲拉皮」等，一直膾炙人口。

于的朋友某君，食其「糟蒸鴨肝」而甘之，特地邀他一嘗為快。食畢，認為味道還不錯，鴨肝卻稍粗了些，並言明：一個飯店，能燒得三道好菜，就已是好館子了。很多人奉為圭臬，其影響至今不歇。

右老有兩大食事，掀起了莫大波瀾，在民國的飲食上，始終占一席之地。其一是與一代名廚李芹溪交好，其二是誤認「斑肝湯」為「鲃肺湯」。後者尤風起雲湧，吸引多人朝聖，我亦其中之一。

李芹溪為陝西藍田人，曾向舅父學廚，天資加上努力，十六歲即可獨當一面，操辦普通宴席。他不以此自滿，為了提升技藝，先後在陝西、甘肅、北京等處，拜當地名廚為師，時間長達二十年，遂通曉華北名饌，終成為一代大家。

庚子拳亂，慈禧西狩，避難西安。由於他廚藝高超，被徵入行宮事廚。所烹菜肴多款，迭受慈禧誇獎，曾賞賜一幅親筆的「富貴平安」，時人以為殊榮。此時，他在秦菜燉魚的技法上，自創「奶湯鍋子魚」，以滋味絕佳，遂聲聞遠近，非但是西陲首席名菜，日後在文人的品題下，更號稱為「西秦第一美味」。

辛亥革命前夕，李參加同盟會，在武昌起義時，曾率一批青年廚師，隨軍奮勇殺進西安，有「鐵腿鋼胳膊的火頭軍」之譽。民國肇建後，國民政府派他任渭北稅務局長，但他堅辭不就，只願開辦菜館，名「曲江春餐館」，並主理其廚務。待于返回陝西，主持「靖國軍」時，二人結為好友，精於飲饌的于右任，覺其本名李松山不雅，乃為他取名芹溪，號泮林，品其親炙的佳味特多。

李芹溪的廚藝，其最拿手者，為湯菜和燕菜。他不僅善用雞骨架、大骨頭等葷料製湯，並雜用豆芽、大豆、金針菜等素料，在綜合運用下，吊出極鮮湯味，成為今日主流。所擅佳肴極多，除「奶湯鍋子魚」外，尚有「湯三元」、「湯四喜」、「清湯燕菜」、「溫拌腰絲」、「煨魷魚絲」、「氽雙脆」、「炸香椿魚」、「金錢釀髮菜」、「釀棗肉」及「葫蘆雞」等。儘管好菜不少，但論于的最愛，則非「溫拌腰絲」及「煨魷魚絲」莫屬。

而將「斑肝湯」誤以為「鮋肺湯」，這個誤會可大了，非但打響此湯的高知名度，同時引領風騷，招致不少知味識味之士，我亦慕名前往，來到位於蘇州木瀆的「石家飯店」。可惜現在已用養殖的魚，滋味非比當年。

原名「敘順茶館」的「石家飯店」，創於清光緒年間，一直燒些鄉土菜，刀火得法，滋味不俗。沒想到沒沒無聞數十年後，居然在一九二九年秋，紅遍大江南北。說起來有意思，算是機緣湊巧。某日，于右任應李根源之邀，泛舟太湖，賞桂歸來，繫舟木瀆，就食「敘順」。右老喝了店主親燒的魚湯後，但覺口齒溢香，微醺而問其名，堂倌用吳語，回稱「斑肝湯」。于老將「斑魚」聽成是秦腔的「鮋魚」，且把魚肝（形如肺狀）誤作魚肺，一時詩興大發，即席賦詩二首，第一首尤知名。

其一為：「老桂花開天下（一作十里）香，看花走遍太湖旁，歸舟木瀆猶堪記，多謝石家『鮋肺湯』。」

其二為：「夜光杯酢鬱金香，冠蓋如雲錦石莊，我愛故鄉風味好，調羹猶憶『鮋肺湯』。」

第一首詩的特別之處，在魚名及內臟兩誤，自然造成話題，引發一番筆戰，騷動文壇食林，迄今議論紛紛，遂使這款研發自青樓的「莊戶菜」，一舉成名天下知。想一嘗為快的甚多，但往往受限季節，多數人怏怏而返。

那時「敘順茶館」老闆兼主廚的，名石安仁，外號「石和尚」，他何其有幸，既得到右老的題詩，又獲東道主李根源（註：曾是「同盟會」會員，中共十大元帥之首朱德的座師，曾擔任北洋政府的農工總長，一度兼署國務總理，退休致仕後，乃息隱蘇州，寄情湖光山色間）「鮆肺湯」的題字，並親書了「石家飯店」這個新招牌。

當年蘇州的「石家飯店」，不論是「鮆肺湯」，還是「鮆肺羹」，鮮美絕倫，均極出色。羹香郁，湯清鮮，各有其美，湯尤知名，名學者費孝通嘗畢，譽之為「肺腑之味」，並書横幅，置飯店內。只是斑魚的上市時間甚短，在中秋前後，想一膏饞吻，須及時受用。食家唐振常，曾於隆冬時節光臨，店內無此湯供應，食之既不得，逾四十寒暑，仍未得品其味，乃他此生一憾。又，另一食家逯耀東最後一次赴「石家飯店」時，亦因「鮆肺勿當令」，「聽了頗悵然」。

我第一次去「石家飯店」，就食了「鮆魚湯」，覺得並不出眾，後知不是野生，不覺若有所失，這比起未嘗到來，恐怕更加扼腕。我因難得到此，是以店家名菜，無不點來品享，桌上滿滿十道，但我較欣賞的，只有「醬方」而已。

于老暮年思鄉情切，辭世前兩年，曾預作〈自輓歌〉詞云：「葬我於高山之上兮，望我大陸，大陸不可見兮，只有痛哭！葬我於高山之上兮，望我故鄉，故鄉不可見兮，永不能忘！天蒼蒼，野茫茫，山之上，有國殤！」其墓園有聯云：「革命人豪，耆德元勳尊一代；文章冠冕，詩雄草聖足千秋。」

另杜召棠有一輓聯，寫來真切有味，特地錄之如下：

名以草書傳，每當絕壁危崖，獲仰如椽大手筆；
功於簡史見，到處田夫野老，侈談開國美髯公。

于以書法及詩著稱外，他的長鬚與張大千齊名，亦為人所津津樂道。某年生日，羅家倫曾以一詩為壽，詩云：「一枝大筆振東南，一枝手杖定西北，青鞋布襪美髯公，神仙有你才出色。」頗能道出這位美髯公長鬚飄拂，猶如神仙中人的感覺，可謂善誦善禱。

而右老為了保護鬍子，每晚臨睡，必將長鬚用一錦囊裝好，掛在胸前，以免在睡覺時把鬍子壓壞了。有一次，有人問他睡覺時，鬍子放在被裡，還是放於被外？他竟答不出來。第二天，右老告訴人家說：「昨晚一夜未成眠，平日是髯我相忘，給別人這麼一問，不知如何是好，以致輾轉失眠。」這個故事有意思，以此當本文之殿。

附記

于右任在《標準草書》第七次修正本中，題一首「百字令」，冠於是書之首，詞曰：

草書之學，是中華民族自強工具。甲骨還增篆隸，各有懸針垂露。漢簡流沙，唐經石窟，演進尤無數，章今狂在，沈埋久矣，誰顧？試問世界人民，寸陰能惜，急急緣何故？同此時間同此手，效率誰臻高度？符號神奇，髯翁發現，祕訣思傳付，敬招同志，來為學術開路。

其用心之苦，誠宛然可見。

林語堂飲饌好尚

在中國傳統的禮教中，幽默至為難得，與西方大不同。林語堂的本事，與蕭伯納齊名，贏得「幽默大師」稱號，也有人稱他是「中國的蕭伯納」，一九三三年春，蕭到上海訪問，林曾上船接他。林對蕭說：「這裡連著幾天，都是大風大雪，到今天才放晴，你老兄有福氣，一來就見到太陽。」蕭則笑笑著說：「還是太陽有福氣，能在上海見到我。」兩人都夠幽默，才能彼此調侃。

林曾在他的自傳裡，道出他之所以撰寫幽默文章的動機。他指出：「寫此項文字的藝術，乃在發揮關於時局的理論，剛剛足夠暗示我的思想和別人的意見，但同時卻饒有含蓄，使不致身受牢獄之災（按：此時正值北洋政府主政）。這樣寫文章，無異是馬戲場所見的在繩子上跳舞。亟需眼明手快，身心平衡合度。在這個奇妙的空氣中，我已成為一個所謂幽默或諷刺的文學家了。」

林語堂為福建省平和縣坂仔村人，據其二女林太乙的回憶，「我們卻認為我們是廈門人，因為母親是廈門人。她給我的印象是，唯有廈門人才靠得住，而最靠得住的，莫如住在廈門對面鼓浪嶼漳州路……花園洋房裡的人。那是外公廖悅發的家，是母親一切智慧的泉源。」

是以一九七四年雙十節當天，林氏伉儷八十雙壽，共有十個文化團體，在台北舉行的祝壽茶會上，林語堂致詞說：「我和夫人的長壽，與幽默有關。」並解釋：「幽默不是滑稽，幽默是現實的，也是莊諧並重的，幽默的發展和心靈的發展是並重的，因而幽默是人類心靈的花朵。」

林夫人廖翠鳳，上海聖馬利女中畢業，出身自舊禮教家庭，自幼學習女紅及烹飪。至於畢生講究生活藝術的林語堂，生於一八九五年，一九七六年逝世，畢業於上海聖約翰大學，美國哈佛大學碩士，德國萊比錫大學博士。他學貫中西，且對中國的古文學、哲學等，均有深入研究，晚年為了向外國人介紹中華文化，全用英文寫作。

口福不淺的林語堂，文如其人，撰寫食經之類的文章，不脫幽默本色。對英國人不懂美味、沒有吃的文化，他屢加以諷刺，曾說英國的文字裡，缺乏和美食有關的名詞，不得不將法國字照搬過來，藉以混充場面。

他因而舉例說，法文Cuisine，解為烹飪，早就被英國人照搬照用，他們的祖家語言為Cooking。法文Chef，解為廚師，英國依樣引進，祖家語言只有Cook，可解釋成伙夫或廚子，實對大師傅不敬。法文Gourmet，作美食家解，英文居然沒有，現已收錄於英文字典內。

在林著〈中國人的飲食〉一文中，他認為中國菜世界一流，此固無可置疑，但西方人不願意學習，推敲其中原因，在於中國的槍炮不夠犀利，即弱國的東西，不值得學習，心高氣傲，心態可議，殊不足取。

文章接著說：「然而，在中國建造了幾艘精良軍艦，有能力猛擊西方人的下巴之前，恐怕還做不到。但只有那時，西方人才會承認，我們中國人是毋庸置疑的烹飪大家，比他們要強得多。不過，在那個時候到來之前，就談論這件事，卻是白費唇舌。」顯然他不認同白人至上的傲慢主義。

最後，該文也點出，中國的飲食文化，是吃出來的學問。由於中國人口太多，糧食不夠供應，只能吃雜糧雜食，漸漸吃出美味。例如螃蟹，就是吃出來的。另，「東坡肉」、「江豆腐」等，也是不朽之作。

關於此點，他在《一個素食者的自白》中，表示：「歐洲人是把肉各自單獨的煎好了，把蘿蔔單獨的煮好了，才把它放在一只盤子裡的！」如此拼湊在一起，當然單調乏味，他因而特別推崇「筍燒肉」和「白菜煮雞」這兩道菜，認為經動、植物食材的結合，才會出現真正的好味道。

他曾提出享用「組織肌理」的概念，認為竹筍之所以深受人們的青睞，主因是嫩竹筍會給牙齒一種細微的抵抗，品鑑竹筍，自然是辨別滋味的好例子，它不油膩，並有一種神出鬼沒、難以捉摸的品質。不過，更重要的是，「如果竹筍和肉煮在一起，會使肉味更加香濃。另一方面，它本身也會吸收肉的香味。」故「『筍燒肉』是一種極可口的配合，肉藉筍之鮮，筍則以肉而肥」，幽默大師如是說。而此一觀點，實與李漁在《閒情偶寄》一書所說的，用筍配葷，非但要用豬肉，且須專用肥肉，蓋「肉之肥者能甘，甘味如筍，則不見其甘，但覺味至鮮」可謂不謀而合，且又無縫接軌。

林語堂認為：「如果你沒有吃過『白菜煮雞』，雞味滲進白菜裡，白菜味鑽進雞肉中，你不知道白菜的美味。根據這個味道混合的原則，可以烹調出許多精美可口的混合菜肴來。」他用「白菜煮雞」為例，此和次女林太乙在《女王與我》一書所提的，兩者略有出入，因為她舉出母親的拿手好菜，第一個便是「白菜熬肥鴨」。

這道菜一家人都愛吃，用一大顆山東白菜，把菜幫子一葉葉舖在鍋底，「鴨子放在白菜上，加幾片薑一些鹽，再把白菜一葉葉蓋上，加些水，不要太多，因為要靠白菜熬出來的汁燉肥鴨。蓋好蓋子，使用文火熬數小時。白菜漸漸變軟，再舖些上去，用肥鴨熬出來的油淋上，再燉，燉到鴨子爛得用筷子輕輕一撥，肉和骨頭便拆開，就好了。原鍋上桌，白菜吸收了鴨汁、鴨油，鴨子吸收到白菜的甘香，入口即化，原汁原味」，寫得鉅細靡遺，足見喜愛程度。至於她「這時才知道，所謂齒頰留香，真有其事。香味可以留幾小時，連打嗝兒都是香的。肚子快活得會唱歌」。且不管是煮雞或熬鴨，歡欣之情，躍然紙上。

林曾說：「食是人生少數真樂事之一。」認為：「中國人對於快樂境地的觀念，是『溫暖、飽滿、黑暗、甜蜜』——指吃完一頓豐盛的晚餐，上床去睡的情景。所以有一位中國詩人說：『腸滿誠好事，餘者皆奢侈。』」對中西烹調的差異，有其真知灼見，茲舉其犖犖大者。

他認為歐美的烹調法中，有極顯著的缺陷。在「餅類點心和糖果上，一日進步千里，但在菜肴上，則仍是過於單調，不知變化」，且「只知放在水中白煮，總是煮得過了度，以致顏色黯淡，成了爛糟糟的」，菜肴遂「缺乏花色」。而在湯類方面，其花色稀少的原因，不外乎「不懂拿葷色之品，混合在一起烹煮」及「不知盡量利用海產」，於是滋味遜色，自在情理之中。尤其是西方的廚師們，不太懂用乾貨，像干貝、蝦米、冬菇等來吊味提鮮，滋味當然大有成長空間了。

林氏夫婦亦窮治食經，特別精研袁枚的《隨園食單》，受益匪淺。三女林相如為哈佛大學博士，曾主修生物化學，受到他們啟發，常和母親共同研究《隨園食單》，並親自作實驗，以證明袁所寫的肴點，是否得味或好味？此研究結果，母女合作用英文撰寫一部美食專著，書名為《*Secrets of Chinese Cooking*》，可翻譯成《中國烹飪之祕》。

廖翠鳳女士的招牌美味，除白菜熬肥鴨外，尚有清燉鰻魚、蒸螃蟹、炒米粉、菜飯及肉鬆等多種。鰻魚處理時，挺費工麻煩，先以粗鹽用力擦去魚體表面的黏液，再用熱水沖洗，必須連續幾次，才能清洗乾淨。接著切魚成小段、薑亦切絲，一起放在鍋裡，加水以文火燉，不需多久時間，鰻魚湯即燒透，隨即加鹽、胡椒粉、芫荽，便端上桌來。

此際「扭開一瓶天津五加皮，在碗裡加幾滴色澤棕紅的酒，芬芳撲鼻」，林語堂便「笑容滿面地吃起來」，魚皮嫩滑無比，魚肉細嫩柔潤，湯面星點油珠，看了就惹垂涎，且鰻魚越肥壯，肉越細嫩，香郁撲鼻。

至於所謂的「廖家肉鬆」，肉鬆即肉絨，林太乙對其又香又脆又耐放，心折不已，以極品譽之，認為比「福州仔」所製的尤佳。其實，福州上好的肉鬆，其歷史悠久，已有百餘年歷史。其中的「鼎日有」，曾於一九一五年參加巴拿馬萬博國覽會評比，獲得金質獎章，蜚聲海外，以「既愛油酥又喜香」著稱。

食家薩伯森對其色澤鮮豔、顆粒均勻、香甜酥鬆、油而不膩、入口自溶，佐餐特佳的特點，給予至高評價，曾戲作一首〈肉絨歌〉，云：「鼎日有，鼎日有，佳製肉絨真可口。可佐飯，可下酒，盛名不脛走，食品之中一魁首，而今名存實已亡，卻算名牌垂不朽。」名店沒落，遜於家廚，可以理解。另，福州人擅製肉鬆，早年台灣如艋舺、府城等地，每用重金禮聘好師傅來，流傳美味迄今。

廈門廖家尚有一絕活，此即春餅，又稱潤餅。《林家次女》一書，則名「薄餅」。在林太乙筆下，認為它最好吃，「廈門人過年，做生日，家人團圓，都以薄餅款待客人」，其皮購自市場，包薄餅的料子，有「豬肉、豆干、蝦仁、荷蘭豆、冬筍、香菇，樣樣切絲、切粒炒過，再放在鍋子裡一起熬。熬的功夫很重要，料子太濕，則包起來薄餅皮會破，太乾沒有汁，也不好吃，太油也不好。熬得恰到好處，要幾個小時」。而在享用時，「桌上放著扁魚酥、辣椒醬、虎苔、芫荽、花生末，還有剪成小刷子般的蔥段，用來把醬刷在薄餅上」，其事前的準備，不可謂不費工。

在包好之後，一口咬下去，有「扁魚的酥脆，花生末的乾爽，芫荽的清涼，虎苔的甘香。中心的料子，香噴噴，熱騰騰，濕濕油油爛爛，各種料的味道已融合在一起」，吃來實在過癮，林語堂全家都愛吃。因而位於台北的「林語堂紀念館」，每年都比賽或品享此餅，蔚為一時盛事。

薩伯森《垂涎錄》云：「閩南人更重春餅，其餡用品多至二十種，真是『翠縷紅絲，備極精巧』矣。」並賦詩一首，云：「到任橋邊春餅優，豆芽筍縷結良儔，白真如雪團如月，卻喜新年益暢售。」再觀看一些前人詩篇，其料尚有芽菜、韭黃、青蒜、海蠣、蛋皮等，此比起廖家的薄餅來，應更美味可口。我亦愛吃春餅，家母極擅長此，在不計成本下，將三十餘種料，分炒成十餘盤，鑊氣一流，但吾家並不「熬」，自行分裝皮內，在口中融眾味，其美妙處，堪稱至味。

又，林語堂與名畫家兼美食家張大千友誼深厚，不時小聚，共嘗美味。某日，張大千自巴西抵達紐約，直趨林家。林語堂留膳，夫人親自下廚，製作「紅燒大魚頭」等多款美食，三女也親炙「煸燒青椒」，齊獻四川嘉賓。大千食之而甘，盡飲花雕二瓶，林不嗜酒，小飲陪客。

而好客的張大千，回請語堂全家，設宴於紐約「四海樓」，此為當地首屈一指的川菜館，主廚政的婁海雲，曾任張府上家廚，舊主人來做東，打起全付精神，好菜源源不絕。席上的「鱘鰉大翅」，乃大千先生的最愛，以極品的魚翅，慢火整天熬成，滋味不同凡響。另，亦上「川腰花」、「酒蒸鴨」等拿手菜。語堂食罷，大讚精彩。

而位於台南的「阿霞飯店」，起先是賣「香腸熟肉」，因為真材實料，且色香味俱全，招致不少食客。且那親選親炙的烏魚子，亦贏得食客歡心。不過，使其聲名大噪，進而博得饕客稱讚的，則是「紅鱘米糕」。這款福州佳肴，一整盤端上桌，需用兩隻紅鱘，在精挑細選後，隻隻肥碩，個大結實，在聲勢上，高人一等。其米糕的做法，則與一般無異，將上等的糯米炊透，和爆炒過的蝦米、香菇、赤肉等拌勻，再將蟹黃飽滿的紅鱘生切，擱在米糕上同蒸。由於選料精，火候足，乃把蟹甘香、飯滑糯，完全呈現出來，享用者無不大為欣賞，林語堂為其一，更在品嘗之餘，親自撰文推薦，遂使該店大名遠播，凡到府城者，每一嘗為快。

此外，林語堂在海外時，有次到鄰居家作客，把他的幽默，進一步發揮，其妙語如珠，堪稱是一絕。

原來紐約的鄰居阿當太太，有年感恩節時，請林語堂一家人到她家吃火雞。林一聽吃火雞就叫苦，因其肉又粗又老。他們一起去阿當太太家，此時，「她在廚房大忙特忙，攪薯泥，拌生菜沙拉」，但林是「不折不扣的炎黃子孫，不吃生菜、不吃洋芋，不吃三明治，每餐必飯或麵」。

阿當太太打開烤箱的門，拉出一個大火雞。在牠身上插一根試熱針。

「怎麼？火雞生病了？」林語堂問。

「一百二十度不行，不行。」阿當太太說著，又把火雞推入烤箱。林則小聲對孩子說，「病入膏肓，不可救藥了。」

然而，阿當太太仍然死雞當活雞醫。不久，又把火雞拉出來試溫。結果是一百八十度，她便宣布，「好了！」一下淋熱油，一下淋湯汁，「火雞冒出大煙。終於，她把火雞搬到盤子上」。

林語堂這時說：「不必再試體溫啦？」

「不必了，一百八十度表示牠熟了。」阿當太太說。

原來如此！接下來則是——

「阿當太太站著，手持長刀開始切火雞，分來兩片乾巴巴的白肉，我們已經知道洋人以雞胸為貴，我們卻愛吃雞腿，所以沒有覺得奇怪。只見阿當太太從雞腹裡，掏出一團團的濕麵包。爸爸用叉子在麵包團裡亂戳。」林太乙這麼描述，看起來很寫實。

「你在找什麼呀？」阿當太太問。林回答：「雞腰。」她則回說：「雞是沒有腰的。」林語堂好整以暇的說著：「我是指睪丸，美其名為雞腰。中國人一盤『蘑菇綮雞腰』，是再好吃沒有的了。」

阿當太太有點生氣的說：「那東西是沒有的。火雞買回來時是乾淨的。」林語堂笑稱：「何謂乾淨？何謂髒？見仁見智。」並舉例說：「我在三藩市漁人碼頭，看見人賣煮熟的大螃蟹。問：『螃蟹裡有蟹黃嗎？』答：『沒有，這些螃蟹是乾淨的。』我真的看見他們用水管把蟹黃沖洗掉，那是我來美之後的一大震撼。」

阿當太太聽罷，以後沒再請林家的人吃飯。而在回家之後，林語堂嚷道：「我肚子餓。我想吃紅燒豬腳、炒腰花、砂鍋魚頭。」

從這段敘述中，可看出中、西飲食好尚及文化的差異，而林語堂的幽默以對，字裡行間，處處可見。

林不怎麼喝酒，但是菸癮很大。曾比喻自己是伊壁鳩魯信徒，愛享樂生活，而不拘於凡俗形式，有話想說就說，想笑就笑。對於戒菸，有套歪理，聽聽就好，不必認真。

他表示：「想像一位癮君子短期戒菸，當時六神無主，頹喪恍惚的神情，我們才能充分體會到抽菸在精神上、文學上、藝術上各方面的價值。凡是抽菸的人，大多犯過一時糊塗，立志戒菸，跟菸魔博鬥，一決勝負。後來跟自己幻想中的天良鬥爭一番，才醒悟過來。我有一次也糊塗起來，立志戒菸，經過三星期之久，才受良心譴責，重新走回正道來。我這套菸的理論，是萬古常新、永久不變的。咱們既然彼此意見相同，希望堅信此信念光揚光大。」（以上見唐魯孫《中國吃》〈與林語堂一夕談菸〉）

末了，林語堂在〈煙屑〉裡，談到「作文有五忌」，他指出：「前夜睡不酣，不可為文；上句寫完，下句未來，氣已盡，不可為文，文句不出我意料之外，不可為文；精神不足，吸菸提神而仍不來，不可為文；心急、量窄、意酸，亦不可以為文。」此與宋人談寫作環境，莫過於「三上」之說，可以互為表裡。按：「三上者，馬上、枕上、廁上也。」此三上，皆寓有悠閒自適、從容不迫的心情，正是寫作詩文時，理想的好時刻。它和「五忌」一旦配合，絕妙之詩文，或許已呼之欲出矣！

袁寒雲倜儻風流

傳承同樣基因，關係則是父子，雖然食色性也，兩人卻大不相同。父親做「皇帝夢」，兒子是大名士。乃父勤於政事，在吃上用心思；公子韻事頻傳，一向詩酒風流。他們不是別人，父親為袁世凱，兒子則是袁克文。

袁世凱，字慰亭，號容庵，河南項城人。此地近安陽，二〇一二年秋，我在安陽參觀完「中國文字博物館」後，即趨車用晚餐，此店為「聚賓樓」，其從開店至今，已逾一個半世紀。當袁在天津小站練兵時，每屆秋操完畢，即在此宴請各國駐清公使館的武官，遂成名餐館，雖數易其址，仍為人稱道。其肴點頗可口，頓覺別開生面。

其名點之一的「三不黏」，據父老們說，是由袁世凱帶到北京名店「廣和居」的。當年春，我赴北京，曾在「同和居」（其前身為廣和居）享用過，製法略有不同，但出鍋不黏勺、裝盛不黏食具及食時不黏牙則如一，都色、香、味俱臻上乘，是以印象深刻。

袁的食量極大，奉行「能吃才能幹活」的信條，常把「要幹大事，沒有飯量可不行」

掛在嘴邊，也要求子女們多吃，以成大器。他擔任民國政府大總統期間，袁府於每週日，全家一起用餐，此為例行公事，也從未間斷過。

此公特愛吃蛋，尤其是吃雞蛋。其數量之多，遠超過常人。《清稗類鈔》有則〈袁慰亭之常食〉，寫道：「嗜食雞卵，晨餐六枚，佐以咖啡或茶一大杯，餅乾數片，午餐又四枚，晚餐又四枚。其少壯時，則每餐進每重四兩之饃（饅頭）各四枚，以肴佐之。」

天哪！每天要吃十四顆雞蛋，真真不可思議。其實，這還算小意思。據張仲仁（一麐）著《古紅梅閣筆記》中，有一段記述袁世凱食量兼人，那才叫可觀哩！

該文略云：「袁氏天稟，有大過人者。一日，晨起，召余商公事，問已食否？答以已食。乃命侍者進早餐，先食雞蛋二十枚，繼又進蛋糕一蒸籠，旋講旋剖食皆盡。余私意此二十雞卵、一盤蒸糕，余食之可供十日，無怪其精力過人也。」

張擔任袁世凱的幕僚甚久，所言當可信。只是袁的早餐，居然能食雞蛋二十枚並食蛋糕一蒸籠，食量之大，殊駭人聞聽也。

吃雞蛋的好處多多，雖含有大量的膽固醇和脂肪，但亦有卵磷脂和蛋固醇，能延緩並阻遏其勢，甚至可相抵而有餘。尤可貴的是，蛋黃中豐富的膽鹼，會和腦組織中的乙酸起反應，產生乙醯膽鹼。此為神經系統中，傳遞信息的化學物質。含量越高，則傳遞越快，留駐在大腦皮層的「印象」，因而越深，記憶力自然越強。另，《本草備要》

云：「雞子，甘平，鎮心安五臟，益氣補血……。」袁能敏於政事，推動各項「新政」，食雞蛋應有莫大之功焉。

袁亦愛食填鴨，此鴨頗不尋常，因為「參此填鴨之法，則日以鹿茸搗屑，與高粱調和而飼之」。吃得如此之「補」，其身強力健，可以知之矣。

當楊度等發動籌安，擁袁稱帝前，張季直（謇）曾向袁探詢，勸他「做中國的華盛頓，不要做法國的路易十六」。袁極力否認，但表示贊同美人古德諾的君主立憲，君主可就朱明後裔中，擇一賢者承擔，即如浙江都督朱瑞（字介人），也可以研討。張聞言大笑，隨即反譏說：「朱介人可以做皇帝，難道那唱小生的朱素雲，不也可以君臨天下嗎？」這話後來傳了出去，方惟一便寫首詩，送給朱素雲，云：「歷數朱苗到汝身，都城傳遍話清新；不須更說華胥夢，漳水瀟瀟愁煞人。」

世凱萬萬沒有想到，二公子袁寒雲好戲成癖。一九一七年冬間，河南水災，北京各界發起演劇義賑，寒雲與韓世昌串演《長生殿．驚變》。時馮國璋（袁的舊部，因賄選而當上選統）秉政，以世凱新喪，頗不欲這二公子粉墨登場，演出之夕，特遣副官駕車延寒雲入府，意欲阻他登台。這副官找到寒雲，寒雲問：「他幹嘛請我？今兒晚上我要參加豫劇演出的事，他知道不知道？」副官說：「知道，總統和夫人（註：即周道如，名砥，曾為袁家女教師）提起二爺呢！」寒雲頓悟，乃變色道：「請你給我回一回，我不去啦……我唱我的，他管得著嗎？」最後仍未前往。

寒雲的戲癖尚不止此，又一天，他在北京宣武門外的江西會館，彩串崑劇《狀元鑽狗洞》；同日，紅豆館主溥侗，則唱亂彈《連營寨帶哭靈牌》。毛壯侯聞之，為撰一聯：「公子寒雲煞腳無聊鑽狗洞；將軍紅豆傷心亡國哭靈牌。」所謂煞腳，意指末路。徐凌霄以專電拍致《上海時報》登載，寒雲見報後，還為之拊掌，並不以為忤。

袁克文本名豹岑，後改抱存，號寒雲，又號龜厂主人。生於清光緒年間，出生地為朝鮮的漢城（今名首爾）。他的母親金氏將分娩時，恍恍惚惚中，夢見大斑豹投入懷抱，一驚而醒，遂生下袁寒雲，故初名為豹岑。

金氏為袁世凱的第三如夫人，和第二如夫人李氏、第一如夫人吳氏，都是朝鮮望族，亦為其國王李熙所贈。

在袁的諸子中，克文才氣最為橫溢，與易實甫、樊樊山等名士，時有唱和之作。易實甫（外號龍陽才子）遂稱他為陳思王——曹（操）家的老二（曹植）。

曹植（字子建，少善詩文，在建安作家中，其影響最大，亦最受人推崇，封陳王，謚號思，後世稱陳思王）文采斐然。有「天下才共一石，曹子建獨得八斗」之稱。將袁和他二人並稱，除身世外，詩酒風流，亦足相襯，是以袁病故後，朱奇輓寒雲之聯，頗為人稱道。聯云：

上擬陳思王，文采風流，豈止聲名超七子；
近追樊山老，才人凋謝，懸如姓氏各千秋。

（按：「七子」是指漢末號稱「建安七子」的孔融、陳琳、王粲、徐幹、阮瑀、應瑒、劉楨。而「樊山老」指樊增祥，號樊山，先寒雲死僅數日。）

且「李白型」的名士，放眼近代人物中，袁克文最為人們所推崇。當世凱帝制失敗，氣死新華宮後，一般的說法，寒雲的生活頗為潦倒，靠賣字鬻文為生，於四十二歲當年，患猩紅熱死去，據說死後無以為殮，靠朋友替他料理後事。其實，他雖潦倒無俚（即無聊賴，無寄託），但以醇酒婦人自晦，應屬別有懷抱，絕不同於一般的紈褲子弟。另，他壯年在上海參加青幫。舊上海對這些幫會中人，有稱之為「俠門」。於是陳誦洛的輓聯云：

家國一淒然，誰使魏公子醇酒夫人以死？
文章餘事耳，亦有李謫仙寶刀駿馬之風。

（按：魏公子即信陵君魏無忌。謫仙則是詩仙李白。陳的輓聯中，何以將寒雲和

「亦狂亦俠」的李白相比肩，此為所本。）

原來貝揚所著的《袁世凱家族概略》，在寫袁克文時，指出：他「在上海參加青幫，是『大』字輩，在青幫裡地位很高。幫會裡面的各種人，都在他家裡出出進進。他自己不事生產，沒有收入。徒子徒孫都給他送錢。他家是四樓四底的樓房，每天每餐開幾桌筵席，無論他本人在家不在家，總是肉山酒海，有幾十人吃飯。」梁羽生（香港武俠小說名家，和金庸並稱，精於對聯，著《名聯觀止》）因而認為：他和李白最相似之處，應是「千金散盡還復來」吧！

梁又表示：「至於說到這個『俠』字，黑社會的所謂『俠』，和李白那種『俠氣』，根本是兩回事。李白的『擢倚天之劍，彎落月之弓，昆侖叱兮可倒，宇宙噫兮增雄』（〈大獵賦〉），這種俠氣豪情，在袁寒雲的作品也是找不到的。」不過，他認為以袁的才情，應和曹植、納蘭性德輩相當。

袁克文生長富貴家庭，又是「名父」之子，但畢竟是個舊式的公子哥兒，年方十八，即以蔭生授法部員外郎，他不愛當官，卻喜做玩世不恭的名士，自幼天資聰穎，從江都方地山（名爾謙，善做對子，有「近代聯聖」之稱）讀書，捷悟異於常童，詩文詞曲，書畫金石，靡所不精，旁及聲色犬馬，也無所不好。方地山本為風流不羈的才人，所以師生之間，更屬沆瀣一氣，徵歌選色，絕無避忌。

這兩位大玩家，後來結為親家（寒雲的兒子家嘏娶方地山的女兒）。其時，袁已從「皇二子」的身分，變成靠潤筆度日的窮文人了。當文定時，兩家並無儀式及禮幣等，只交換絕世奇珍古泉（古代錢幣）一枚，婚禮亦僅在旅邸中，一交拜而已，算是挺特別的。方地山作嫁女聯云：

兩小無猜，一個古泉先下定；
萬方多難，三杯淡酒便成婚。

寒雲的詩文固然高超清曠，古豔不群，他嵌字集聯，更得乃師方地山真傳，妙造自然，絕不穿鑿牽強。當他在上海時，有次在「一品香」宴客。青幫師兄步林屋（註：二人同拜張善亭為師）攜雪芳、秋芳姐妹同來。酒酣耳熱之際，雪芳乞賜一聯，他則不假思索，立成二嵌字聯，即席一揮而就，贈雪芳為：「流水高山，陽春白『雪』；瑤林瓊樹，蘭秀菊『芳』。」贈秋芳為：「『秋』蘭為佩，『芳』草如茵。」才思敏捷，觀者嘆服，筆勢秀勁，見者稱絕。

收藏也是寒雲的嗜好，「舉凡銅、瓷、玉、石、書畫、古錢、金幣、郵票，無一不好，妙的是更愛香水瓶，以及古今中外、千奇百怪的祕戲圖。他把這些選英擷萃的寶貝，都放在他一間起居室裡，錯落散列，光怪陸離，好像一座中西合璧的古玩舖。他給這間起居室命名「一艦樓」，自作長聯：「屈子騷，龍門史，孟德歌，子建賦，杜陵詩，耐庵傳，實父曲，千古精靈，都供心賞；敬行鏡，攻胥鎖，東宮車，永始斝，宛仁錢，秦章印，晉卿匣，一囊珍祕，且與身俱。」食家亦是典故學者的唐魯孫，認為他畢生搜集的珍愛古玩，都包括在這聯語裡了。

唐老曾與寒雲共嘗一次美味，地點在上海的「晉隆飯店」。主廚為寧波人，跟「一品香」、「大西洋」同屬中式西餐店，俗稱「番菜館」。經營者頭腦靈活，對於菜肴能夠翻新，一碗「金必多濃湯」，食材用魚翅、雞茸製作，踵事增華，料多味美，大受富商巨賈、青樓名妓的歡迎，經常周旋其間，享用特別「西餐」。

每到大閘蟹大市，店家有道名菜，叫「忌司（即起士）烤蟹盅」。做法為：「把蟹蒸好，剔出膏肉，放在蟹蓋裡，灑上一層厚厚的忌司粉，放在烤箱烤熟了吃。」不但省了自己動手剝剔，而蟹的鮮味完全保持，愛吃螃蟹的老饕，真可大快朵頤，聽說這一美味，是袁二公子寒雲親自指點，再研究出來的。

寒雲本身厭著西服，認為全身似緊箍著，簡直是受洋罪，因而終其一生，只穿袍子馬掛，更少去吃西餐。是以他邀唐到「晉隆飯店」吃西餐時，唐魯孫還莫名其妙哩！

原來他們二人都愛吃大匣蟹，跟他們同嗜且量宏的，還有上海花叢紅館人「富春樓」老六，於是三人同去品享。此「忌司烤蟹盅」，肉甜而美，剔剝乾淨，絕無蟹殼，不勞自己動手，蟹盅上敷一層忌司，炙香膏潤，可以盡量恣饗，結果袁準備了三十隻，三人拚命大嚼，也不過吃了二十多隻而已。這是唐老的回憶，並寫在《大雜燴》一書中。

自稱「情種」的袁寒雲，聲色犬馬乃至吃喝嫖賭，樣樣來得，生活可謂多彩多姿。據其摯友陶拙庵的回憶：寒雲「初次來滬，彼時袁世凱尚在，他以貴公子的身分，遍徵北里名花，大肆揮霍；及歸，送行的粉黛成群，羅綺夾道。他非常得意，認為勝於潘郎（潘安，古美男子）擲果。此後又在津沽、上海一帶，娶了許多侍姬，如無塵、溫雪、棲瓊、眉雲、小桃紅、雪裡青、蘇台春、情韻樓、高齊雲、小鶯鶯、花小蘭、唐志君、于佩文等都是。但這批妾侍不是同時娶的，往往此去彼來。所以，克文自己說：『或不甘居妾侍，或不甘處淡泊，或過縱而不羈，或過驕而無禮，故皆不能永以為好焉。』」可見在萬花叢中，這位以「風月盟主」自命，雖然好務內寵，卻不善於駕馭，而周旋的眾女，大都戀於其王侯富貴，逢場作戲而已。

至於他的情場生活，陶拙庵在〈皇二子袁寒雲的一生〉中寫道：「袁克文經常住在青樓，晚上打道妓院夜飲。常常是室外大雪紛紛，室內爐火紅紅。在紅袖添香的一群妓女陪伴下，袁克文左手持盞，右手揮毫，亦詩亦畫，隨興而來，有一種說不出來的風流，說不出的倜儻。他自己也很得意，並有〈踏莎行〉專記此事。」

而他妹妹袁靜雪的觀察，就沒這麼風流快活了，而是直斥其荒唐。她在《八十三天皇帝夢》一書回憶著：「我二哥的荒淫生活，他走馬燈式的要姨太太，以及一批女人先後姘居且不細說，只要看一看他後來在天津的一個時期的荒唐生活，也就足以說明問題了。他那時住在天津地緯路，卻在租界裡的國民飯店，開了一個長期房間。他很少住在家裡，不是住在旅館裡，就是住在『班子』裡，有的時候，他回到家裡，二嫂和那僅有的一個姨奶奶，總忍不住要和他吵，他既不回嘴，也不辯解，只是哈哈地大笑起來，笑完了，揚長而去，仍然繼續過著他那荒唐的生活。」

儘管不同時期，都在胭脂叢中打滾，盡情揮灑他的才情，這樣的人生，到底是好是壞？諸君可以自由心證。

對於洪憲帝制的看法，這位準「皇二子」，曾寫詩二首，持反對意見，第一首尤知名，當時頗膾炙人口，其詩云：「乍著吳棉強自勝，古臺荒檻一憑陵，波飛太液心無住，雲起魔崖夢欲騰。偶向遠林聞遠笛，獨臨靈室轉明鐙，絕憐高處多風雨，莫到瓊樓最上層。」

袁世凱死後，有人戲擬一聯道：「起病六君子，送命二陳湯。」此聯做得甚妙，試為諸君娓娓道來。

所謂「六君子」，即「籌安會」發起勸進的六位名流，袁接納之後，便走上「死路」。

而「二陳湯」是指陳樹藩、陳宧和湯薌銘。他們皆為袁的屬下，各自擁有地盤，（陳樹藩為陝南鎮守使，陳宧是四川將軍，湯薌銘是湖南將軍）當袁大勢不妙時，相繼宣布「獨立」。陳宧原為參謀部次長，為袁的親信。袁計畫稱帝時，命他率領北洋軍三旅進川，督辦四川軍務。沒想到他也通電反對，第一電尚溫和，第二電甚嚴厲，袁見此電報後，當場暈倒過去，最後一病不起。成了袁世凱的「送終湯」。

此對最佳之處，在於概括袁世凱「起病」和「送終」的本事。且「六君子」和「二陳湯」皆中藥名，更有雙關之妙。

袁世凱歿後，寒雲作〈洹上私乘．先公紀〉，恭贊曰：「先公天生睿智，志略雄偉，握政者三十年，武備肅而文化昌，乃一忽之失，誤於奸宄，大業未竟，抱恨以歿，悲夫，痛哉！」慰亭「原本佳人，奈何作賊」（稱帝），一世英名，付之一炬。

寒雲過世時，黃峙青有兩首七言輓詩，其中的「風流不作帝王子，更比陳思勝一籌」二句，道破他的心事，寒雲地下有知，該當許為知己。

我更好奇的是，若就食事而言，世凱猛啖雞蛋，寒雲鍾情蟹黃，一飛一爬之間，或有關連性也。

車輻通曉天府味

熱愛自己工作，採訪各式名人，寫出自己特色，這是成功記者；如果機遇湊巧，加上食緣特佳，既能交好大廚，也能悠遊小販，且有過人見解，甚至還能下廚，燒出一桌美味。如此閃耀人生，堪稱人中龍鳳。在近世中國中，恐怕寥寥無幾，其中最傑出的，實非車輻莫屬。

車輻為成都人，生於民國初年。其別號甚多，有車壽舟、瘦舟、囊螢、半之、蘇東皮等，生平閱歷不少，是公認的好記者、編輯、作家及美食家，主要的著作有《川菜雜談》、《錦城舊事》、《錦水悠悠》等。我的藏書頗多，只是腹笥不豐，迄今只讀過《川菜雜談》一書，但一直很喜歡，已讀了好幾遍，從中受益可觀。對於天府之味，總算大有認識，明白真正川味。

他這個人有趣，既非守經達道，更未離經叛道，而是在正道外，可以另闢蹊徑，進而通權達變。比方說，他在飯店點菜，多半可以回燒。像那「豆瓣鯽魚」，吃到只剩骨頭，即加豆腐回燒，又成滿滿一碗。豆腐是不要錢的，吃剩魚回鍋燒湯，也要添些蔬菜和配料，回鍋再燒則需要炭火錢及工錢，這些全湊齊後，卻可一魚兩吃，花不了多少錢，此所謂窮吃法也。遙想半世紀前，台北的四川館子，在吃「豆瓣鯉魚」時，亦流行此一吃法，我自然為受惠者，此應為車輻遺風。而它之所以能紅遍兩岸，蓋當時大家都窮，是以才通行久遠。

而車輻請吃飯，不常去大飯店，倒不是沒銀兩，而是飯店裡吃不到好菜；如果吃小館子，必吃他熟識的，如此才有佳食。關於這一點，我和他志同道合。但有一點不同，多年好友不見，他必親自下廚，提前告知當天菜名，引起客人食欲。由於車輻能燒一手好菜，大家因而期待甚殷。

請客當兒，每上一菜，舉箸之前，他必說菜，「自賣自誇，滔滔不絕，講此菜之妙，講他的每每與眾不同的燒法，邊講邊吃，他自己吃得比客人多。客人嘆食之未足，他已拿起菜碗『洗碗底』了——以其他菜或泡菜將菜碗所剩之汁蘸而食之，邊吃還邊自讚，曰：『好，真好』……其實客人何嘗不吃，車輻的筷子來得急如雷也，客人不及其神速耳」。史家兼食家的唐振常如是說。寫車輻的「吃相」，誠入木三分。

唐氏又指出：「車輻之美食，兼得士大夫之上流品位與下層之苦食，更有一層，成都菜館的名廚，他沒有不識者，常共研討，得廚師實踐之精妙，又能從飲食之學理而論列之……是真正的美食家。」唐老接著說：「前幾年，車輻數上北京，為他的友人籌辦『東坡餐廳』。為開這家飯館，他比老闆和廚師還要忙，又是定菜譜，又是請客人。據告，開幕之日，眾賓雲集，人人吃得滿意。他寄來菜單和開幕日盛況的照片（他極愛拍照），閱之增羨。」實將老友車輻的本事及熱心，描繪得絲絲入扣。

川菜中的「便飯」這個詞兒，現已成了口頭禪。其創始人為成都名館「榮樂園」的一代大廚藍光鑑。他為了順應食客的需求，從實惠、經濟、省時出發，打破傳統席面，將原先的瓜子手碟、四冷碟、四對鑲、四熱碟、中點、席點等模式打散，再重新組合，先廢除「中點」。賓客入座後，上四個碟子（冬天熱碟、夏天冷碟），跟著上八大菜，最後上一道湯吃飯。它短小精悍，既把燕窩、魚翅、鮑魚等名貴食材，精選一、兩道上席，食甘精華，增添風味。並把湊數的次等菜品摒棄，節約顧客開支，因而深受稱讚。這樣的席桌，藍取名為「便飯」，其後便有「便餐」、「便酌」等名目。

藍光鑑的「正宗川味」有名於時，但一九四八年夏天，車輻在自家的小院內，居然突發奇想，而且膽大妄為，來個不可思議的「以左道，請正宗」，成為食林佳話。當晚受邀的貴客為「榮樂園」的大師傅「藍氏三兄弟」（即藍光鑑、藍光榮、藍光璧）、卓雨農（成都名中醫，人稱「卓麻哥」）、以及「耀華餐廳」的創始人趙志成。

為了這頓便飯，車輻琢磨半天，最後決定用成都當時市面上所售的一些名菜、點心，拼湊成一桌菜，來宴請這些「正宗」們，而當晚所謂的「左道」，其肴點則如下：

四冷碟對鑲：「矮子齋」的麻辣排骨，對鑲「司胖子」的花生米（加蔥節、椒鹽、香油等）；署秣南街口滷肉攤的紅腸腸，對鑲砂仁肘子、滷豬舌；復興街「竹林小餐」的糖醋胡麻豆，對鑲華興正街「盤飧市」的滷豬蹄、白滷田雞腿；皇城壩回民的紅酥，對鑲商業場「味虞軒」的香糟魚塊。

冷熱菜之間，則常插綠豆鮮藕和冰糖蓮子羹。

主菜（熱菜）是：東御街「粵香村」的紅燒牛頭蹄、乾燒甜味香糟肉、炒肝絲（黃豬肝切細絲炒成魚香味）」；「竹林小餐」的蒜泥白肉；「榮盛飯店」的螞蟻上樹（爛肉粉條）；賈家場的萊菔（蘿蔔）細絲牛肉丸子湯。還有一碗川北涼粉（加碎牛肉、薑絲、臊子）。

記得當時還有四樣家常泡菜，一份醬肉顆子苕菜，一盤怪味雞絲和一碗番茄牛尾湯。

客人們食罷，莫不津津有味，頗為滿意。藍光鑑評論說：「這桌菜很有地方味特點，而且搭配合理。」對「萊菔細絲牛肉丸子湯」尤為讚許。卓雨農則說：「可惜『味虞軒』的香槽魚少了點，用它下黃酒很合適。豬肝切絲炒成魚香味亦很可口，而且刀法上別出心裁。」車輻原是想換換他們的口味，沒想到取得意外的成功，這應是「歪打正著」吧！

在這席便飯中，有道蒜泥白肉，出自「竹林小餐」。它遠近馳名，號稱「二分白肉，兩個人去吃不完」。事實上，一小盤「二分白肉」，只有個幾片，如遇吃剩下來是奇數，這最後一片，誰也不好意思下箸去拈，所以說吃不完。之所以如此，在於一「釂」字（凝香之意），東西只要好，少而精，正是其精妙處，越精越釂，越有人吃。敲竹槓嘛，只要好，一個願打，一個願挨，也就各得其所。

此白肉首先是料好，須不肥不瘦。精選皮薄質嫩，皮肉肥瘦相連，專取「二刀肉」（即禁臠上第二刀切的肉）與腿上端一節「寶刀肉」，接著去其骨、筋次品。其次是放湯中煮到半熟。此際拿穩火候，不能差些分毫，及時起鍋漂（去聲）冷，整邊去廢切塊，再煮一定時候，置冷水中漂涼，使其冷透過心，兩煮兩漂，熱吃熱片，真正無上佳味。足見「雖小道，必有可觀者焉」，難怪在市井之中充斥的「蒜泥白肉」，甚至捲成花樣，料差火候不足，真是平凡得緊。

而在火候方面，他多次向薛祥順（陳麻婆的傳人）學習「麻婆豆腐」，看製作的全過程，同時「回家試驗，作料比他的更齊全」，但沒一次達到其水平。推敲其中原因，端在火候二字。這道菜必用黃牛肉，沒它等於失掉靈魂，難臻麻、辣、燙、酥、嫩的極致。不過，現在多用豬肉，仍然爽快利落，展現川菜特色。還有的名氣大廚，器皿講究，望之美觀，少了粗放製作，即使「食不厭精」，終究其「味」不足，只是標新立異，如此這般而已。

擅燒家常菜，能物盡其用，車輻是高手，常別出心裁。就拿蕹菜來說吧，它又名「空心菜」，閩、台稱為「甕菜」，嶺南則叫「通菜」，莖葉均可食用，足以變化萬千。

車輻對此一「南方之奇蔬」，先食其菜葉，它既可打湯，還可以熱食或當成冷菜。食不外炒、燴、煸；冷菜則先煮過，再拌入薑汁、麻醬、芥末、芝麻、酸辣等味，隨心所欲，應有盡有，皆大歡喜。

至於蕹菜的老梗，他也有三種做法，各有特殊滋味。其一為：切成一環環小節，放點豆豉，切碎一些鮮紅海（辣）椒，合而炒之；其二為：切成小方碎塊，如黃豆大小，和新鮮的辣海椒同炒；其三為：切成寸多長的細絲子，再將豆豉切碎，合而煎炒。這些不同燒法，頗能沁脾開胃，進而誘人饞涎，都是下飯好菜，同時經濟實惠。我個人則喜歡將煮透的蕹菜梗，直接放入冰箱冷藏，臨吃之際，加上肉臊、紅辣椒絲（可用紅蔥頭）及醬油膏（即老抽）。每於炎炎夏日，用此搭配啤酒，實為消暑雋品。

除吃遍成都大街小巷的餐館、攤販，常樂在其中外，他因地利之便，也去山城重慶，吃到很多美味。早在上世紀三〇年代初，重慶席桌上的魚頭、魚皮，「以長江中有名的鱘魚或蒸或燒，都弄得比四川沿江任何一個碼頭上的餐館好」。其用魚頭製成半透明的魚脆，可蒸、可燴、可做美味羹湯，甚至於做出大塊文章來，如著名的川菜

「魚脆果羹」、「玲瓏魚脆」、「桃油魚脆」等。

鱘魚另一乾製品為魚唇。在燒製此魚唇時，先汆煮、浸泡、換水，「以其柔軟糯嫩，質感細膩」，製成川菜上品的「白汁魚唇」。由於此菜「做法高明，色彩清淡，卻淡中生鮮」，有人食罷，認為可與「溫泉水滑洗凝脂」媲美。他如清蒸的青鱔、白鱔，「家常甲魚」、「乾燒岩鯉」、「清蒸魚頭」（內加香菌、南腿，碗內漂著薄薄一層原汁油面，油而不膩），都是「味在四川」的雋品。

而在抗戰時期，「前方吃緊，後方緊吃」，佳味紛呈，名館甚多。除「轟炸東京」（口蘑鍋巴）打響了名號，「火腿麵包」也名聞遐邇，它是用嫩南腿切片，夾油酥麵包，入口酥香出味，且經得起咀嚼。名館如「醉東風」、「小洞天」、「凱歌歸」等，均燒得出色，頂好極好。

另，「白玫瑰」名廚周海秋的「烤乳豬」，黃如透明瑪瑙；特別是用牛、羊、豬三頭同做的「燒三頭」，令人叫絕。其他的好廚美饌，則多到不勝枚舉。

成都和重慶兩地的川菜，全以「川味正宗」為標榜，有人就問車輻，究竟何處的更正宗一些。他則答以：「兩地根據具體情況，做出精美可口菜肴，總的說來，都是為『川味正宗』添磚建瓦」。這種高屋建瓴，確實高人一等。

究其實，重慶諸菜色中，最引人入勝、名號最響且火紅至今的，首推「毛肚火鍋」。

這味麻辣火鍋，重慶人吃它時，是不分季節的。以前沒有冷氣，三伏天的高溫，餐桌坐凳皆燙，雖然汗流浹背，卻能處之泰然，一手執筷，一手揮扇，在高溫高熱下，辣得舌頭伸出，口水長流之際，又可來上兩根冰棍雪糕，以資調劑。車輻寫道：「勇士們越吃越來勁，除女性外，男士們吃得丟盔棄甲，或者乾脆脫光，準備盤腸大戰。中有武松打虎式，怒斬華雄式；不少女中豪傑，頗有梁夫人（指梁紅玉）擊鼓戰金山之概，氣吞山河之勢。」描繪鞭辟入裡，感覺殺氣騰騰。

此一毛肚火鍋，吃的是牛肚及內臟，牛胃中有重瓣胃，形如毛巾，下鍋一燙，火候至關緊要，久了如牛皮，未燙夠又是生的，都不能吃。食客的「手藝」，憑本事講求。

火鍋的滷汁調料，不可勝計。有牛骨湯、煉牛油、豆母、豆瓣醬、辣椒、花椒、薑末、豆豉、食鹽、醬油、香油、胡椒、冰糖、料酒（或用醪糟，即酒釀）、蔥、蒜，甚至味精等。下料的增減，仍在變化中。融眾妙於一碗，絕非以多為貴，但求精當適口。鍋底亦極精彩，有加進泡菜水，亦有添罌粟殼。有人猛加海椒，來個「見血封喉」，即使「五內俱焚」，亦在所不惜。因「全身舒暢」，不旋踵即至。那些不吃辣的人，根本無法體會「此中有至樂」。

除了毛肚及牛肉臟充作主料外，煮食之物，尚會加進豬、羊、雞、鴨、水粉條、大木耳、鴨血旺、香菌、大白菌菇，以及一些時令蔬菜。眾料雜陳，好不快活。

相較之下，成都的「毛肚火鍋」，在切菜片肉的刀工上，車輻認為：「蔥、蒜只切成一寸長一點，重慶的長三四寸，有些粗放。成都的鱔魚洗去鮮血，重慶的保留鮮血，存其鮮味，放在盤內，拿入滾滾波濤之熱火鍋內，狼吞虎嚥。」我曾在上海，吃了幾次做得甚好的毛肚火鍋，其食材皆由成都空運抵滬，廚師長為成都人，長到近五十歲，從未離開錦城。其鱔魚於現殺放血洗淨外，將之盤如圓形，狀如蚊香，一涮即食，無比美味。且其菜蔬中，另有韭黃、大蔥、豌豆芽、黃芽白等，其味之美，迄今縈懷。

車輻另指出：「重慶吃法，猶如詞中的豪放派；成都吃法，猶如詞中的婉約派。但也不能平分秋色，無論如何，重慶的占上風，全川而論，它以壓倒一切的姿態出現。」他指的大方向極正確，至今提起毛肚火鍋，眾皆推尊重慶。畢竟，霸氣容易完全呈現，王道則如陽春白雪。

曾擔任烹調比賽評審的車輻，在評判質量標準時，對味、質、形、色、特色與難度這五類，可是講得有聲有色。而要使川菜走向全國，走向世界時，呼籲要「立足於『在傳統基礎上』去發揚光大，要學習世界先進烹飪技藝，不斷創新，但不要走形式主義，『不要搞花架子』、華而不實，那種『物以稀為貴』的做法，也是不可取的。主要是突出川菜特色……不以珍奇取勝，不忽視菜點的食用價值（營養、衛生）……以味為主！突出了川菜『清鮮醇濃，麻辣辛香，一菜一格，百菜百味』的地方風格」。

旨哉斯言！食而無味，食而不知其味，純以擺盤、氣氛、珍貴食材為尚的當下食風，不但車老不以為然，我亦期期以為不可，盼能導正當代的歪風，為食壇注入新的活力。

車輻交遊廣闊，上至文化泰斗，下到三教九流，他都結善緣，實為一奇人，在飲食天空中，明光普照宇內。當四川美食協會成立時，已九十歲高齡的他駕臨盛會，新朋老友，群相致意，尊之為「飲食菩薩」，確名至而實歸。另因他「胃口牙齒寶刀未老，鶴髮童顏風韻猶存」，故能「高山仰止，景行行止」而未已。

此外，朋友叫他，陳白塵另稱「車娃子」，乃從四川之俗。年逾古稀，童心未改，凡熱鬧事總要參與。年逾九旬，但其自我評價，則是「除了釘子，啥都嚼得動」。胃口一直很好，「夫妻肺片」要吃雙份，「甜燒白」也不放過，輪椅推上街，一路上買兩個蛋卷冰淇淋，且行且吃。有幾次看電視睡著了，手裡尚拿著桃酥，醒來又接著吃。天哪！鍾情於吃而至於斯，真個是快意人生。

車夫人本身擅長烹飪，贏得友人讚許。有次她調侃老伴，說：「我呀，也就是沒他會寫，沒他能吃，除此之外，哪樣都比他強，他算啥子名人嘛！」其實，又會寫又能吃，不但吃出品味，同時言之有物，懂得與人分享，亦能燒出美味，這種精彩人生，想必有滋有味。

孫中山飲食軼事

在中國近世人物中，我極佩服孫中山先生。對他的學問、才藝、口才等，固然再三致意；對他畢生致力革命，勤於宣傳著述、見識高人一等，尤推崇備至。難怪被美國的《時代雜誌》選為二十世紀最有影響力的亞洲人，並高居第二。他雖不求飲食，卻能領先時代，一貫偏好素食，而且對於飲食，有其獨到見解，且能身體力行，實時代一偉人，比傳奇更傳奇。

本名孫文的他，小字德明，號逸仙，寓居日本時，署名中山樵，世稱孫中山，世居廣東省中山翠亨村。當地至今仍流傳著他最愛吃的菜：「大豆芽炒豬血」和「鹹魚頭煮豆腐」。

基本上，孫父擅製豆腐，也曾販售豆腐，因而孫中山自幼便愛吃豆腐。加上鄉人多吃鹹魚，其頭棄而不用，孫父勤儉持家，取魚頭燉豆腐，營養豐富健腦，成就另一美味，孫文自幼常食，自然聰穎過人，遂能博覽群籍，成就偉大事功。

粵人所謂的大豆芽，泛指黑豆芽、黃豆芽、綠豆芽等，今則專指黃豆芽。黃豆芽狀似如意，又稱如意菜，滋味絕鮮，以往茹素者，往往取此熬製高湯提味。二十世紀後期，豆芽頗受營養界矚目，一度在西方掀起「豆芽熱」，寰宇知名，堂而皇之的列入健康食物之林。

又，孫文的堂兄弟孫貴，百餘年前，曾在中山市石歧開設一家「孫奇珍酒樓」，孫文每赴廣州時，出入鄉間省城途中，必到此處歇腳。常一壺茶，兩件奇香餅，便能閒話家常。至於吃飯，孫文只吃素。他當上臨時大總統後，接孫貴至南京總統府，擔任自己私廚，並吩咐孫貴說：「每頓只要炒青菜、豆芽或豆腐之類。」還規定不要超過四角錢。

值得注意的是，學醫的孫中山，嗜食豬血和豆腐，有人問他原因，他認為豬血富含鐵質，豆腐則有豐富的蛋白質，而這兩種食材，都對人體甚有補益，既可分別食之，也能一起煮湯，食療效果不凡。

原來他吃豬血這檔子事，出自《建國方略》。孫文明白表示：「吾往在粵垣（即廣東省），曾見有西人鄙中國人食豬血，以為粗惡野蠻者。而今經醫學衛生家所研究而得者，則豬血含鐵質獨多，為補身之無上品，蓋豬血所含之鐵，為有機體之鐵，較之無機體之煉化鐵劑，尤為適宜於人身體。故豬血之為食品，有病之人食之，固可以補身，而無病之人食之，亦可益體。而中國人食之，不特不為粗惡野蠻，且極合於科學衛生也。」

事實上，中醫學說中，有「以臟治臟」、「以臟補臟」、「以類補類」的說法，是以李時珍所說的「以胃治胃，以心歸心，以血導血，以骨入骨，以髓補髓，以皮治皮」，才會深植人心，一直被奉為圭臬。於是吃這款「液體肉」，自然可「以血補血」，甚至健脾益胃。《隨息居飲食譜》謂：「豬血，鹹平，行血殺蟲。」這在臨床上，亦有道理在。因為豬血的血漿蛋白，經人體胃和消化液中的酶分解，有一定的消毒和滑腸作用。經常食用，功莫大焉。

閩南及廣東人士甚愛食豬血，雅稱為「豬紅」。其在烹飪上，講究慢火浸。亦即將切成日字形的豬血，放進鑊(鍋)中開水裡，以慢火浸熟。而在操作時，不讓水沸滾，如水沸滾，則要添進生水。一旦豬血浸熟，立即置冷水漂。如此製作出來的豬血，方能爽滑不韌，細嫩同時不老。而享用豬血時，一定要加上薑、蔥以及胡椒粉，倍覺芳香適口。此為「江湖一點訣」，如要好吃，捨此莫由。

孫文一直推崇豆腐，指出：「中國素食者，必食豆腐，豆腐者，實植物之肉料也，有肉料之功，而無肉料之毒。」此卓見遠超過同時期的西方人，畢竟「西人之提倡素食者，本於科學衛生之知識，以求延年益壽。然其素食之品種，無中國之美備，其調味之方，無中國之精巧」，更何況「蔬食過多，反而缺乏營養」，於是有「鐺中軟玉」

之稱的豆腐，成為中國食材中的瑰寶。孫文的這番話，是有其道理的。由於豆腐中的蛋白質，屬於完全蛋白，非但含有人體內的必須氨基酸，且其比例亦極接近人體的需要，易於吸收。加上它所含的豆固醇，能抑制膽固醇，有助預防一些心血管方面的疾病。惜乎普林含量甚高，凡尿酸高的人士，宜慎食忌口。

大體而言，豆腐分北豆腐和南豆腐兩種，在生產過程上，幾乎如出一轍。其區別在於凝固劑和加壓時間不同，故含水量和老嫩程度亦異。北豆腐又稱老豆腐，北方普遍生產，以鹽鹵（氯化鈉）點腦，味略帶苦，宜燒厚味。適合煎、炸、瓤、㸆、熬、燉和製餡等吃法。南豆腐一稱嫩豆腐，主要在南方生產，以石膏（硫酸鈣）沖漿點腦，質地細嫩，保水性強。施之於烹飪時，加熱時間不宜過久，適合拌、炒、燴、燒和製羹湯。孫喜歡吃的「豬血豆腐湯」，顯然是用南豆腐。

《建國方略》上說：「中國人所飲者為清茶，所食者為淡飯，而加以菜蔬、豆腐此等之食料，為今日衛生家所認為最有益於養生者也。故中國窮鄉僻壤之人，飲食不及酒肉者，常多長壽。」又謂：「夫中國食品之發明，如古所稱之『八珍』，非日用尋常之需，固無論矣。日用尋常之品，如金針、木耳、豆腐、豆芽等食品，實素食之良者，而歐美各國並不知其為食品者也。」有好事者發奇想，將金針、木耳、豆腐及豆芽一起煮湯，並宣稱是「四物湯」，誠為多此一舉，有類畫蛇而添足。

準此以觀，豬血豆腐湯內，必添加蔬菜。就色澤來看，紫（近乎黑）、白、綠相間，乃悅目之畫面；就營養而言，礦物質、蛋白質、維生素悉備，實一營養之食物。吾人經常食此，望著漂亮畫面，身子受用不盡，想要健康長壽，自在此中求了。

而在他所嗜食的豆腐菜中，最主要的一味，首推東江「釀豆腐」。「釀豆腐」一名「鬮豆腐」，關於它的來歷，盛言出自安徽鳳陽，且和臭豆腐一樣，都與明太祖朱元璋有關。據說朱年少時，家裡經濟困難，曾在一家專門燒製釀豆腐的店家幫傭，有時順手牽羊，吃起來特別香。他登基為皇後，總忘不了「珍味」，特地派人找到當年的店主，留在宮內當差，興起即享此物。釀豆腐遂成明宮廷御膳，後廣泛流行於客家地區，東江所製的尤知名。

製作釀豆腐時，先將豬上肉、去皮魚肉剁爛備用，蝦米水發研細，鹹魚煎透剁末。接著把上述各料，加精鹽、味精、胡椒粉拌勻，再下蔥白珠（粒）和勻成餡。嫩豆腐切長方塊，中間挖一小孔，填滿餡料並排放鑊中，用中火煎至兩面金黃，即成半製成品。接下來則有兩種做法。

一為「瓦煲釀豆腐」，取菜膽（即嫩菜心）放瓦煲內襯底，置釀豆腐鋪排於其上，添湯汁及調料，慢火煲至水滾，勾好玻璃芡（稀芡）後，下花生油，撒上蔥粒即成，再以原隻上桌，有湯有菜，清甘嫩滑，熱氣騰騰，馨香四溢，冬日食之，備感愜意，彷彿一股暖流上心頭。

二為「焗釀豆腐」。煎好的豆腐放進鑊中，加適量湯水、醬油、胡椒粉等，以中火焗約一刻鐘，先勾薄芡，再添花生油，撒上蔥粒，即可盛盤上桌。其特點為成菜快，味鮮香濃，油足餡爽，乃佐酒下飯之佳肴，宜趁熱快食。

孫中山愛食哪一款，實不得而知，也可能都喜歡吃。當他第一次品嘗時，還鬧了個笑話，至今仍為人們津津樂道。一九一八年五月，他到梅縣松口視察，前同盟會會員謝逸橋請吃飯，席中有釀豆腐，孫文吃得開心，連連稱妙，於是問及菜名。一位鄉紳用半生不熟的國語（普通話）說：「這是『羊鬥虎。』」他聽後一愣，樂得大聲嚷：「羊鬥虎，有意思。」同行的人知是語誤，連忙加以解釋。孫文哈哈大笑，賓主盡歡而散。

一九二四年時，任國民黨總理的孫中山，兩次蒞博羅縣城視察，由縣黨部常委兼組織部長陳蘇負責接待。陳蘇的叔叔陳禧，善烹釀豆腐，便以此款待他。孫吃得很滿意，不住口的稱讚，並告訴陳蘇說：「往後各級黨幹部到來，你就介紹他們吃釀豆腐，我總理都吃得，他們還敢嫌嗎？」（意即不要宰豬殺雞，避免舖張浪費）接著又說：「這菜營養豐富，嫩滑清香，是我所吃過的東江名菜中，最好的佳肴。」陳禧亦因而深受賞識，後隨孫進入廣州總統府，專為孫總理做飯菜了。

釀豆腐經大人物品題後，身價馬上飛漲，從此成為東江人待客的上饌，一直與「鹽焗雞」齊名。

孫對食事至為表揚，尤對中國的飲食，給予至高評價，在《建國方略》中，提及中國的飲食之道，為世界各國所不及，指出：中國「所發明之食物，固大盛於歐美，而中國烹調法之精良，又非歐美所可並駕。至於中國人飲食之習尚，則比之今日歐美最高明之醫學衛生家所發明最新之學理，亦不過如是而已。」而在烹調技巧方面，他更精闢地論述道：「中國不獨食品發明之多，烹調方法之美，為各國所不及，而中國人之飲食，尚暗合於科學衛生，尤為各國一般人所望塵不及也。」

最後，他語重心長地說：「單就飲食一道論之，中國之習尚，當超乎各國之上。此人生最重要之事，而中國人已無待於利誘勢迫，而能形之成自然，實為一大幸事。」

此外，張作霖大帥府的廚師長趙連璧，擅燒珍饈美饌，素菜亦很出色，曾在大帥府整治全素席，包括四冷盤十熱菜。四珍盤為「白油菜苔」、「紅油萵筍」、「紅蘿蔔薑卷」、「麻辣芹菜拌豆腐絲」；而十熱菜則是「蘿蔔燕菜」、「雞汁魚翅」、「海參雜燴」、「一品鴿蛋」、「雞茸燕窩」、「清蒸鴨子」、「香菇燒冬瓜」、「醋汁鯉魚」、「紅燒素肘子」、「豆腐雜會湯」等。食客莫不道好，趙則當眾解釋，席上所有食品，無一不是素菜，只是用葷菜之名，其維妙維肖處，真的很不簡單。

就在一九二四年十一月，段祺瑞邀請孫北上共商國事，中山先生扶病抵天津時，張作霖父子在其行轅（即曹家花園）設晚宴款待，酒席至為隆重。當孫乘坐的黑色房車駛進園內，立即有人高呼舉手敬禮。少帥張學良直趨前行大禮，說道：「向孫伯父請安！」張作霖則站階前迎接。

這席洗塵宴，由張二少張學銘操辦。他是個飲饌名家，有人形容二少是「美學字典」，通曉京、津名館，以及大師傅的拿手菜。在其精心策畫下，帥府的首席大廚趙連璧，特地從瀋陽南下，另請來宮廷名廚王老相及「辮帥」張勳的家廚趙師傅等助陣，陣容十分浩大。

鑑於孫為南方人，在菜單的設計上，以海味為主。先奉的四冷盤，分別是「生菜龍蝦」、「蘆筍併鮑魚」、「清蒸鹿尾」、「火腿併松花」；接著的大菜為「一品燕菜」、「冬筍雞塊」、「清湯銀耳」、「白扒魚翅」、「蝦仁海參」、「清蒸鰣魚」、「清煨蘿蔔干貝珠」、「鴿蛋時蔬」、「燒鴨腰」及「蟹黃豆腐」等。又，此宴主人是張作霖，張學良以少主人身分陪席，座上嘉賓尚有馮玉祥等人。

這個晚宴甚得孫中山的歡心，一再稱讚好菜，廚藝一流。食罷請廚師見面，並親自一一道謝，氣氛融洽至極。

在這些山珍海錯中，孫特別欣賞「清煨蘿蔔干貝珠」。干貝即江瑤柱乾貨，蘿蔔展現刀工，以圓珠形呈現，再以上湯煨足。認為此湯菜，好看又中吃，且清淡可口。

孫中山曾說：「悅目之畫，悅耳之音，皆為美術，而悅口之味，何獨不然？是烹調者，亦美術之一道也。」嘗了如此盛宴，體會更深一層，當在情理之中。而他也為上好的滋味，作了一番詮釋，鞭辟入裡，道：「昔日中西未通市以前，西人只知烹飪一道，法國為世界之冠，及一嘗中國之味，無不以中國為冠也。凡美國城市，無一無中國菜館者。日本自維新以後，習尚多採西風，惟烹調一道，獨嗜中國之味，東京中國菜館亦林立焉。口之於味，人所共同也。」他這兩種說法，既道出飲食烹調上的藝術性，同時也說出中國菜的美味，舉世第一，普受歡迎。

比較可惜的是，孫的續弦夫人宋慶齡，亦精於烹飪，則鮮為人知。她得天獨厚，先向母親學習中國菜，燒得很到位。到美國讀書時，學校設家政科，習得西廚技藝，是以能燒好菜，惜乎夫君忙於政事，無福經常品嘗。直到一九六四年，在因緣際會下，得以大演身手。

這一年，國外的攝影名家侯波女士，將陪同孫夫人一起訪問斯里蘭卡，先到昆明小住，並等候總理周恩來。適周總理公務繁忙，一等多日，以致侯波女士的心情，難免有點煩悶。

有一天，孫夫人說：「妳還沒吃過我做的菜，現在剛好一試我的手藝，每天做道菜讓妳品嘗。」侯波以為說笑話，吃過第一道菜後，不得不心服口服，連讚好菜，只是不明白尊貴的孫夫人，何來時間學得烹飪。

孫夫人笑謂，夫君生時喜愛美食，指出烹飪是一門學問，值得提倡，斥君子遠庖廚之說，所以不時入廚，但他忙於公務，少有口福享受。她們一共在昆明待了三十六天，孫夫人並未食言，每天做一道菜，天天不同。令侯波女士口福匪淺，眼界大開。且道道色香味俱佳，好看更好吃。其中有一道「青椒炒鱔絲」，不僅鑊氣佳，調味亦一流，她吃得心滿意足，每有「食止」之歎。

孫文精嫻書法，我倒看過不少，常見者有「博愛」、「天下為公」等，亦有「滿堂花醉三千客，一劍霜寒四十州」（註：此為五代僧貫休獻錢鏐的詩句，原詩為十四州，為求對仗工穩，故改之）的對聯。而本文不時即引用的《建國方略》，我亦見過其影印本，一直非常喜歡。有人評他的字，一如米芾讚唐太宗的書法，「龍采鳳華，天開日升，亟戡多難，力致太平，雲章每發，日動神驚」。咬文嚼字，不甚具體，難明所以。

還是近人史紫忱教授講得好，「國父之書，渾厚中露雄勁，拘謹內見英銳，循舊道理開新局面，以新體裁涵舊規矩，化豪放為清輝，熔絢燦於平淡」，並以「超凡入聖」譽之（見史著《書法今鑒》），確為的評。我個人則愛其雍容大度，渾厚寬闊，耐看有味，每每不倦。

多彩奇僧蘇曼殊

「立德，立功，立言，此之謂大丈夫」。自明初以來的僧人中，立德如弘一法師，立功如姚廣孝，他們皆有立言，影響及於今日，不可謂之不深。純以立言論之，蘇曼殊無宏言讜論，卻頗饒文采，往來皆名士，富傳奇色彩。在飲食方面，既腹大能容，且奮不顧身，鼓腹進醫院，至死猶不悔，自稱「糖僧」，亦獲賜嘉名，此即「天下第一老饕」。

蘇曼殊本名戩，字子谷，學名玄瑛，原籍廣東省香山縣（今中山市），父親為在日經商的華僑，母親是日本人。青少年期間，在日本受教育，並在東京參加孫中山先生領導的興中會，一九〇三年歸國，時年十九歲。同年出家為僧，不久即離寺出走。其後以介乎僧俗之間的身分，往來於中國、日本、南洋等地，由於和革命黨人密切交往，雖非「職業革命家」，但對革命工作，曾有不少貢獻，加上才華洋溢，人稱「革命詩僧」。

生於光緒十年的他，卒於民國七年，僅活了三十五歲，卻留下豐富作品，有小說，有詩歌，還有畫作及翻譯作品。友人柳亞子為之輯印行世的，就有三十多種，以小說影響最大，其中的一部《斷鴻零雁記》（自傳體小說），曾改編成粵劇上演，轟動一時。然而，他的詩不論是舊體詩或翻譯詩，文采斐然，尤具特色。其能博得「詩僧」之名，自亦在情理之中了。

曼殊在語文方面，天份極高，精通幾國文字，據說以梵文第一，漢文第二，英文第三，日文反而第四。按常理來說，他在日本出生，自幼及至青年，在當地受教育，日文可謂「母語」，竟然落居最後，實在不可思議。但是此一「據說」，非指日文不好，而是學習之時，能夠得其精要。

梵文是印度古文字，號稱極難學。一九〇四年，他二十一歲，南遊印度、錫蘭、暹羅（今泰國）等地，才開始學習，不滿三年，即完成《梵文典》八卷，此一巨大著作，短時間內完成，且在行旅途中，如此的大手筆，真是令人佩服，應是前無古人。

英文亦卓爾不群，所譯英國大詩人雪萊、拜倫的詩，一直膾炙人口。郁達夫甚至認為其譯詩較原作之詩更好。

他的畫作亦佳，「草聖」于右任有詩云：「世人莫評曼殊畫，大徹大悟還如癡。春衣細雨江南夜，記得紅樓入定時。」詩中的「莫評」，或為針對郁達夫而發，因郁曾表示，蘇曼殊的「詩比他的畫好，他的畫比他的小說好」。

另，「詩成百絕情難寫」，為鄭桐蓀贈蘇曼殊的詩句。這位多情詩僧，除了日本女友百助外，其所往來者，有名妓花雪南，表姐靜子，英文老師羅弼之女雪鴻等。其舊體詩有「近代味」（郁達夫語）。其百絕（一百首絕句）常以愛情為題材，後人輯為〈本事詩〉十首，〈無題〉八首等，纏綿悱惻，妙句迭出，「散發著青春氣息」，柳亞子稱其詩的三大特點，分別是思想的輕靈，文辭的自然，以及音節的和諧。我亦愛其轉換古詩，得其風流餘韻，如「華嚴瀑布高千尺，未及卿卿愛我情」和「還君一鉢無情淚，恨不相逢未鬅（音義同剃）時」，清新自然，當為「奇句」。

高拜石在《古春風樓瑣記》中，總結蘇曼殊為：「耿介孤潔，不隨流俗，古所謂獨行之士，庶幾近之。他對朋友篤摯，凡委瑣功利之事，視之蔑如。所交多當道，而終身不入公門，名不登官書。革命思想，熱烈異常，文字宣傳，尤多盡力，而無求無冀，而且自忘，人亦幾若忘之。行雲流水，毫垂痕跡。以其人格思想論，在黨人史中，宜有其相當地位的。」此所言甚是，但亦有微詞，殊堪一笑也。

「和尚雖平日不穿僧服，更不堪蒲團生活，逐聲色於酒綠燈紅之際，窮嗜欲於湯色、黃魚之中；可是他對『三戒俱足』，曾未忘懷……對一般『以佛法為衣食』之俗僧，痛斥不遺」，茲舉包公毅（字朗生，號天笑，在文壇活躍凡六十年）之詩為例。云：「散花不著拈花笑，漫說談空入上來，記取秋波春月後，萬花簇擁一詩僧。」

下注：「海上友朋喜作豔遊，君出入青樓無忌，群呼之曰『蘇和尚』，一日，倚虹觴之於惜春家，座有楚傖、鵷雛，所箋召之妓，悉令圍坐君側，而君能周旋自如。席散，君蕭然踏月歸。或亦如〈弧桐詩〉所云『萬緣先了色成空』歟？」又，于右任亦有「曼殊時入上海酒家，信筆塗抹，人視之則又入定矣」之語。

此外，曼殊在「江南陸軍小學」擔任教習時，黨人趙伯先（聲）任新軍第三標標統，二人相見恨晚，每次過從，伯先必命兵士攜壺購板鴨、黃酒。伯先豪於飲，曼殊好吃，醉後按酒高臥於風吹細柳之下；或相與馳騁於龍幡虎踞之間，引為至樂。曼殊作「絕域從軍圖」，即請劉三（劉宗龢字秀平，以行三，自稱劉三，南社會員，在日本時，介紹曼殊加入「義勇隊」及「軍國民教育會」）題字，定庵絕句為贈。云：「絕域從軍計惘然，東南幽恨滿詞牋，一簫一劍平生意，負盡狂名十五年。」慷慨生動，確為好詩。

話說回來，曼殊生平好吃，在他友朋筆下，寫得活靈活現，即使自己書札，亦載不少資料，令人驚歎不置。比方說，陳去病云：「曼殊離去香港到上海，買了一百塊銀圓的外國糖果，原想去送朋友的，在輪船上，他一個人竟吃個精光。」沈燕謀也說：「在蘇州時，和我一同逛觀前街，買了幾十包酥糖，一個晚上便吃光了。後來因貪嘴不留窮性命，終於害腸胃病死了。」

柳亞子在〈燕子龕詩序〉中，寫得極為傳神，謂：「君工愁善病，顧健飲啖，日食摩爾登糖（即太妃糖）三袋，謂是茶花女酷嗜之物。余嘗以芋頭餅二十枚餉之，一夕都盡。明日腹痛不能起。」食甜而不要命，真乃古今罕有。

照他自己說法，也真駭人聽聞。例如致柳亞子書：「此處有蓮子羹、八寶飯，惟往返須數小時，坐汽車又不大上算」；「又恐不能騎驢過蘇州觀前食『采芝齋』粽子糖，思之愁歎。」而他的日記中，幾乎都是食物帳單，有一天還寫道：「剩銅板七隻，窮至無袴。」

粽子糖亦為我喜食。相傳清光緒年間，慈禧有次得病，御醫無法療疾，特召蘇州名醫曹滄州進宮，為老佛爺診治。曹在臨行時，購些「采芝齋」粽子糖，供太后閒食。慈禧食罷，覺得味甜、鮮潔、爽口，從此列為「貢糖」。曹氏由此得到啟發，建議在製作時，擱些薄荷、甘草、川貝、松子等食用藥材和果汁，具有「藥食同源」的特性，製作出可潤肺清痰的「薄荷粽子糖」，能幫助活血的「玫瑰粽子糖」及脂香濃郁的「松子粽子糖」等。當人們得知甜美可口、色澤鮮豔的粽子糖，尚可治病療疾，放是爭相購買，因而門庭若市，生意興隆，只不知曼殊嗜食哪一款？

又，包天笑在題《曼殊詩稿》第二首云：「松糖橘餅又玫瑰，甜蜜香酥笑口開，想是大師心裡苦，要從苦處得甘來。」下注：「君喜甜食，自號『糖僧』，贈以『采芝齋』

松子糖、橘餅等等，君頗甘之。」

其實，曼殊對酥糖、可可糖、粽子糖、摩爾登糖、八寶飯，皆所酷嗜。在病重時，猶在上海「廣慈醫院」中，私自買食糖炒栗子藏於臥床底下，遭到院長搜出，以致貽笑大方。

位於蘇州觀前街上的采芝齋，是個百餘年的老字號，製作工藝一流，號稱「入口聞香，一泯就化，輕嗑即開，脆而味柔，甜而不膩」。是以一九五四年時，中共國務院總理周恩來，在日內瓦國際會議上，以此招待國際友人，博得一致好評，聲名因而大燥，遂有「中國糖」之美譽。

且就「糖僧」喜食之蘇式糖果，看看清人夏曾傳在《隨園食單補證》的〈補糖色單〉中，逐個道其本末。

粽子糖：「洋糖和餳熬成三角形如小粽，以五色雜之，大小如棋，光潔可玩。又有純白色者，中以玫瑰、梅皮為餡。」按：慈禧甚喜食此，地方以此入貢，致有「貢糖」之譽。

松子糖：「松子去衣，用糖熬就，俟糖凝收乾。凡熬糖須用銅鍋，則色不變。」亦可在粽子糖內加松仁，食之頗甘美。按：此為我最喜愛之糖，含在嘴內生津，再將松子咀嚼，徐徐咽下，真一絕也。

麻酥糖（即酥糖）：「用糖和油酥為之，每一塊用紙包之，有白有黑。此物徽州所出為佳。湖州泗安（長興）亦有之，大約以油嫩、麻多為妙。若一味太甜，殊無謂也。」按：烈嶼（小金門）之竹葉貢糖，似取法於此。

至於橘餅，又作桔餅。夏氏在補證時，指出：「桔餅，以桔劃開，打扁擠去核。用冰糖熬成，香甜悅口，且能經久。」其保存之法，據宋人黃彥《橘譜》記載，「金柑出江西，北人不識，景佑朝始至汴京，因溫成皇后嗜之，價遂貴重，藏綠豆中，可經時不壞。」及至清代，《本草綱目拾遺》謂：「閩中漳泉者佳，名麥芽桔餅，圓徑四五寸。乃選大福桔，蜜糖釀製而成，乾之面上有白霜，故名。肉厚味重，為天下第一。」《隨息居飲食譜》亦稱，「閩產曰福桔……可糖醃作脯，名曰桔餅。以其連皮造成，故甘辛而溫。和中開膈，溫肺散寒，治嗽化痰，醒酒消食。」

而曼殊嗜食之蘇式「蘇桔餅」和「金桔餅」，用洞庭柑桔製成，桔香濃郁，味甜爽口，具開胃通氣功能，乃蘇式蜜餞之上品。

末了，天下無不散之筵席，曼殊於民國六年四月間，從日本回上海時，胃病已發作，「寄寓霞飛路寶康里時，還與柳亞子等嬉遊……病漸深，葉楚傖、鄧孟諸人時往探視」。入秋，移住白爾路，與蔣中正、陳果夫同寓。「冬初，疾益劇，遂入『中華海寧醫院』；經一冬之診治，終以診療不得法，而曼殊嗜食，故無結果」。

翌年春，移往「廣慈醫院」，蔣中正不時前往探視，且常囑陳果夫送錢至醫院。後來病勢日增，每天瀉五六次，農曆五月二日，即將彌留之際，留言：「一切有情，都無罣礙，惟念青島老母。」次日午後四時，他便圓寂，與世長辭。無限食福，化為烏有。

其身後事，由汪兆銘（精衛）、丁仁傑等人料理。不過，在入斂當兒，有人主張宜以僧服殮，但治喪者仍以西服進。前往探視的包天笑，心中感慨萬千，當下作詩一首，詩云：「出家可笑本無家，踏遍山涯又水涯，入世寧為出世想，蓋棺未曾著袈裟。」

綜觀曼殊一生，當時上海《民國時報》，有〈曼殊上人怛化紀〉，略云：「曼殊上人蘇玄瑛，工文詞，長藝事，能舉中西文學美術而溝通之，其道德尤極高尚。」其道德究竟如何高尚，這可從陳去病有「將為曼殊卜葬湖上，呈元首（尊稱孫中山先生）六首」中，看出其中端倪。其第一首云：「皇覺其人往事陳，吳門道衍（指姚廣孝，助朱棣「靖難」成功）又非倫，同盟會友今多少，爭及吾師道味醇。」第六首詩云：「奚啻從亡似介推，晉文應得有餘哀，願將駿馬千金意，換此緜山寸土來。」

陳去病之詩，確關史實，足證他是「革命詩僧」。同時又不願將他比作姚廣孝，而比作追隨晉文公的介之推，其意深矣。然而，對食林而言，其藝事固然極精采，食事亦不遑多讓也。

民國食家三面向

從晚清到民國，堪稱食家輩出，其中有三方家，除遍嘗美味外，皆含英而咀華，或發而為著作，或能實際運用，故能著稱於時，亦為後人傳誦。前二人為楊度、張通之，後一人為張學銘，由於面向不同，發生地點互異，乃一一錄其詳，盼後世能窺堂奧，並取可資為法者。

首先要談的，是堪稱一代奇人的楊度。

楊度，字皙子，湖南湘潭人，王闓運門生。二十歲中舉人，其後留學日本。平生著作甚多，多括文化、教育、經濟、政治及飲食。政治生涯尤多姿多采，令人歎為觀止。一九一四年時，袁世凱解散國會，出任參政院參議。次年與孫毓筠、嚴復、劉師培、胡瑛、李燮和等人組「籌安會」，稱「籌安六君子」，勸進洪憲帝制。袁世凱過世後，他被通緝，流寓上海，曾做過杜月笙的門客。亦曾加入國民黨，暗助革命軍北伐。晚年思想大轉變，成為共產黨黨員。批准他入黨的，則是周恩來。由於當時的政治環境，需要保持他的社會地位，故始終未予公開。然而，經他襄助奔走，對紅朝之興起，有過一定貢獻。直到一九七六年，周恩來在病危時，猶囑編寫《辭海》的人，在「楊度」條目下，須補入此事。由此可見，他縱橫民國、翻雲覆雨的本事，可謂一時無兩。

多才多藝的楊度，對飲食夙有研究，食遍北京名館名樓，寫下心得十八篇，此即《都門飲食瑣記》，誠為北京的飲食史，留下極寶貴的資料，言人所未言，知人所未知。之所以能如此，乃住在北京時，所交皆政要及顯貴人物，故接觸名館、名樓層面特廣，且能於此處留心，當世難有第二人也。

提及都門飲食，楊度謂：「京師人海，服用奢侈，酒食徵逐，視為故常，一飲一食，無不爭奇立異，以示豪奢，見之載籍者，指不勝屈。民國成立十五年，凡百無改良之可言，唯風俗日趨浮華而已。京中之飲食物，亦因習尚所趨，精益求精，且交通便利，各地之製作原料，烹飪用具，運載極易。專制時代，玉食萬方之帝王所不能致之者，現在已登平民之筵席矣。加以酒食徵逐之風，變本加厲，飲食之需要既繁，供給自相應而來。記者寓京既久，對於京師飲食之所，不止鼎嘗一臠，拉雜記之，以供朵頤。」此一開宗明義，的確不同凡響。

楊度在遍食京城內魯、川、閩、粵、蘇、豫、淮揚各幫的五十多間名樓名館，並試菜百餘款後，有的還反覆試之，積累了心得，始發為文章，無異開展一幅上世紀二、三〇年代，在北京的飲食畫卷，其所記的多數名店，今日多已不存，佳肴亦不復在，但這些飲食資料，足供後人研究取法。

當時北京的飯店，多由山東人經營，深深影響著後來的京菜。他於是指出：「京中各種商業，由山東人經營者十之六七，故菜館亦不能逃此例。間有京中土著經營之菜館，雖為京菜，亦多山東口味。民國成立之後，因有新式之山東菜，遂以此種為老山東館，著名者如聚壽堂、聚賢堂、福壽堂、福全館、同興堂、同和堂、天壽堂、東豐堂等，近於此類之飯莊，而專供飲宴者，則有致美齋、福興居、泰豐樓等。」

楊度拈出其中四家山東名館，要言不繁，深中肯綮。

其一為「致美齋」。本店為「北京八大樓」之「致美樓」的前身，它「最初為湖州人經營，繼亦為魯人主持，故或謂係南方館，實則仍為山東館，而著名之菜有『紅燒魚頭』，初為『敬菜』，不售賣，現敬菜之例已取消，遂亦售賣矣。此外佳者，有糟煎中段、軟炸肝，雖為普通之山東菜，然致美齋此味極佳，能嫩不見水。蝦米熬白菜豆腐，亦較他家為佳，惟新豐樓差能近之。點心如蘿蔔絲餅、蔥油餅，亦極擅長。」

台北市曾有「致美樓」，開設於西門町。其主廚胡玉文，與我共服兵役，相處達一歲半，退伍後常光顧，其手藝極不凡。甚愛其「軟溜裏脊（里肌）」及「蝦米熬白菜豆腐」等拿手菜，每到必點嘗。又，店家的「烤鴨三吃」極棒，自遷往新北市永和區後，以老師傅凋零，現已歇業矣。

其二為「廣和居」。本店為「北京八大居」之首。它位「在南半截胡同，離市極遠，而生涯不惡，因屢經士大夫之指導品題，遂有數種特別之菜，膾炙人口。潘魚以湯勝；江豆腐為清季贛省某太守所指點，以豆豉、火腿、蝦米、香菌及豆腐丁作羹，味極鮮美。辣炙粉皮、清蒸山藥，初登盤時，片片清楚，一著匙即成泥，故名。」（按：廣和居原名「隆盛軒」，現改為「同和居」，我於二〇一二年抵北京時，特地去吃「潘魚」（魚、羊合烹）及「三不黏」等佳肴美點，對於其滋味及物美而廉，一行人至今仍念念不忘。）

其三為「東興樓」。本店亦「北京八大樓」之一。楊度頗稱許其「冬菜鴨塊」、「瑤柱肚塊」等，並謂「東興樓地居東城，規模極大，且座位整理清潔，故外人欲嘗中土風味者，率趨之。菜以糟蒸鴨肝、烏魚蛋、醬製中段、鍋貼魚、芙蓉雞片、奶子山藥泥為著名。」不過，台灣亦有「東興樓」，位於新北市新店區的大崎腳，雖然地處偏遠，價格卻不便宜，為食福州好風味，我常不惜腰中錢，昔日滋味道地，現走高檔海鮮，已少去光顧矣。但其招牌的「淮杞九孔燉河鰻」、「三杯田雞腿」及各式野味等，迄今依然常在我心。

其四為「明湖春」。它位於楊梅竹斜街，「以新式之山東菜著名，如奶湯蒲菜、奶湯白菜、汆雙脆、麵包鴨肝、龍井蝦仁、紅燒鯽魚、紅燒魚扇、松子豆腐等。蒸食有銀絲卷，為京中向來所未有，生涯遂極一時之盛。」

在粵菜方面，「廣東菜館曾在北京作大規模之試驗，即民國八、九年香廠之桃李園，樓上下有廳二十間，間各有名，裝修既精美，佈置亦宏敞，全仿廣東式，客人之茶碗，均用有蓋者，每碗均寫明客人之姓氏，種種設備均極佳。菜以整桌者為佳，如紅燒乾鮑魚、紅燒魚翅、羅漢齋等。」此等經營方式，我以因緣際會，嘗過了數十家，唯以飯店為多，佳者則少見耳。

在閩菜方面，他寫道：「忠信堂開張後，始又有大閩菜館，主之者鄭大水為閩廚之最，以整閩席著名，外燴及宴客者，日常數十桌……用伙計至百數十名。著名菜有鴨羹粥、炒鵝血、紅糟雞、燻沙魚、清蒸鯧魚等為最。」接著說：「福建菜館最初在京中開設者，為勸業場樓上之小有天，菜以炒響螺、五柳魚、紅糟雞、紅糟筍、湯四寶、炸瓜棗、葛粉包、千層糕著名。」楊度另將當時生意極佳，規模亦甚宏大的閩菜館，如開張在大李紗帽胡同，其肴饌極可口，而以「神仙鶴」、「紙包筍」、「鍋燒鴨」著稱的「醒春居」，亦帶上了一筆。

在豫菜方面，汴中因河工關係，精研飲饌之道，遂有汴菜之名。「京中豫菜館之著名者，為大柵欄之厚德福，菜以兩做魚、瓦塊魚（魚汁可拌麵）、紅燒淡菜、黃喉天蠶（海蜇川管挺）、魷魚卷、魷魚絲、拆骨肉、核桃腰子（炒腰花小塊）；盤子以酥魚、酥海帶、風乾雞為佳。其麵食因麵係自製，特細緻。月餅亦有名。」此店為梁實秋之父所開設，梁能撰就《雅舍談吃》，實家學淵源，其來有自。

至於他著墨甚多的淮揚菜，其在京中極多，「飲食豐盛，肴饌精潔」，規模大者少耳。「春華樓在五道廟，地址極小，而每逢飯時，必坐無隙地，著名之菜為軟兜帶粉（炒鱔絲加粉條）、脆膳、生敲鱔魚、松鼠黃魚、紅燒鯽魚、燒鴨、炒豆芽菜、薺菜、炒山雞片、川青蛤。冷盤以肴肉、搶蝦等為佳。甜菜有夾沙高麗肉……老半齋在四眼井，初開時座客常滿，以獅子頭、紅燒野鴨、松鼠黃魚等著名。」此外，「寶華樓在排子胡同，亦係揚州館。著名之菜，與春華樓相仿。淮揚菜館除肴饌外，以各種點心著名，如湯包係小籠小包，而內有湯滷……水餃子、白湯麵」。又，白湯麵極佳者為松鶴園；而開設最久的是「通商飯莊」，菜清淡可口，故外燴不少。

以上所舉例者，並非老生常談，而是親身體會，描述則全方位，加上言簡意賅，實屬難能可貴。

博學多聞、見多識廣的楊度，曾撰寫過二輓聯，對象分別為袁世凱及梁啟超。此二輓聯甚佳，故能傳誦至今。

一、輓袁世凱聯：

共和誤民國，民國誤共和，百年之後，再評是案；

君憲負公明，公明負君憲，九泉之下，三復斯言。

二、輓梁啟超聯：

世事亦何常，成固欣然，敗亦可喜；

文章久零落，人皆欲殺，我獨憐才。

雖所詠者為袁、梁二公，但視此以自況，不亦宜乎！

・・・

接下來的這一位，乃窮究食經，成一家之言的張通之。

張通之字葆亭，生於光緒年間，宣統元年貢生。民國後執教鞭，精研文史飲食，曾任南京市文獻委員會編纂，本身擅長書畫，從遊生徒甚眾，著作有《白門食譜》等。

南京古稱金陵，別名有白門等。稱之為白門，其典故有二：「蹶白門而東馳兮，雲臺行乎中野」（見漢人張衡〈思玄賦〉）；南朝宋都城建康西門，按五行之說，西方屬金，金氣白，故稱白門（見《南齊書．王儉傳》）。另，李白〈金陵酒肆留別〉詩云：「白門柳花滿店香，吳姬壓酒喚客嘗。」《白門食譜》專記南京飲食，書名即據此而來。

張老不諱言生平嗜食美味，非但食遍名店及街頭小吃，連各地名產，各家各戶的拿手菜，均一一羅列，幾無錯過者。他曾有詩云：「入室只陳櫻和筍，縱說食譜不談經。」可見學富五車的他，將飲食研究擺在第一位，並對清人袁枚的《隨園食單》極欣賞，想繼踵前賢，繼續探討南京美食，是以《白門食譜》起首便道：「廣《隨園食單》之義，取金陵城市鄉村，凡人家商舖與僧寮酒肆食品出產之佳者，烹飪之善者，皆採而錄之。」

書中提及南京的名店，謂「新橋之松子熟肚，向柳園炒魚片，老寶興燒鴨與鴨腰，韓益興爆牛肉與爆羊肉，得月臺羊肉，南門內橋上飯館之素湯罐兒肉，大輝復巷伍廚雞酥和魚肚，三坊巷何廚蜜製火腿，七家灣西小巷內王廚鹽水鴨，南門外馬祥興美人肝和鳳尾蝦等。」其中的鹽水鴨，味「清而旨」，一向為南京名饌；而逾百年老店馬祥興，迄今依舊在，前些日子造訪並品嘗其佳味。

馬祥興舊稱「馬回回酒家」，店東姓馬，為回族人。清道光年間，從北方逃荒到南京城外花神廟，設攤賣牛肉熟食。花神廟為入中華門必經之道，鄉民至此，繫驢馬於樹下，小飲兩杯入城，生意因而大旺，老闆賺足銀兩，遷往雨花臺附近開個館子，取名「馬祥興飯舖」，兼售酒菜，擅燒牛肉、牛雜，有「牛八樣」之名，吸引眾多饕客。一九一九年時，再喬遷米行大街，易名為「馬祥興菜館」，名氣愈來愈大。其招牌的「美人肝」、「松鼠魚」、「蛋燒賣」、「鳳尾蝦」，號稱四大名菜。對日抗戰勝利後，國民政府由重慶遷往南京，為該店的黃金時期。其「美人肝」尤知名，嗜之者大有人在，由於食材取得不易，想要識其滋味，必須提早預訂。

《白門食譜》謂：「其所謂美人肝者，即取鴨腹內之胰白作成，因洗濯極淨，烹調合宜，其質嫩而美，無可比擬。」之所以會用鴨胰子燒菜，相傳是上世紀二〇年代前，某日，一位醫師在「馬祥興菜館」預訂了一桌酒席。廚師在配菜時少了一道，燒畢時才發現，想加已無食材，赫見泡在水中、色澤粉紅的鴨胰子（註：店家每天要賣好幾百隻肥鴨），乃取些和雞脯肉用鴨油爆炒，結果大受顧客讚揚。當問起菜名為何？跑堂見其色澤乳白，光潤鮮嫩細緻，脫口說出這叫「美人肝」。

此菜名好味美，馬上聲播遠近，成為四大名菜之首。店家見狀，挖空心思，推出除原先的鴨胰、雞脯外，再添加冬筍絲、香菇絲、雞高湯、料酒、精鹽爆炒，最後淋上熟鴨油的改良新款，大受歡迎。

台灣「奇庖」張北和，生前亦製作別出心裁的「美人肝」，用的是肥鵝胰臟，再取此與薑絲等，以鵝油武火爆炒製成，瓊瑤香脆，馨香腴糯，是不可多得的佐酒雋品。

我和張氏交好，曾嘗過五、六回，其滋味之佳美，一直縈繫於懷，已今生絕緣矣。

書內亦談到不少小吃，如「正春園」之湯包，馬巷之熟藕，大中橋下素菜館湯包，東牌樓元宵店之「軟糕」和「黑芝咏心湯圓」，「稻香村」之「蝙蝠魚」和「麻酥糖」，利涉橋「迎水臺」酥油餅，殷高巷「三泉樓」酥燒餅等。並更進一步指出：「三泉樓之燒餅，酥而可口，無一餅家可及，人客遠道來此，即為食餅，其味之美，不可言喻。尚有草鞋底、蟹殼黃、朝笏板亦佳；草鞋底等，皆像餅之形而名，味香且酥；若以清和園干絲下之，可謂雙絕。」

至於金陵傳統食藕之法，《白門食譜》云：「馬巷中段之熟藕……未煮時，先取肥而嫩者，洗淨其泥滓，然後以糯米填入孔內，放稀糖粥中煮熟，食時又略加桂花糖汁，香氣騰騰，藕爛而粥黏，亦養人之佳品。下午各處擊小木鐸，而高呼賣糖藕粥者，迴不及焉。」此藕名「糖粥桂花藕」，小販們出售時，肩挑小擔沿街叫賣，但如馬段中巷如此佳者，則少之又少耳。

我個人最愛讀的是，那些有代表性的民國官府私房菜，裡面記許多絕妙滋味，有其實用價值和指導意義。比方說，三鋪兩橋陶府「酥魚」，安將軍巷李府「糯米冬筍肉圓」，黑廊侯府「玉板湯」，三坊巷鄧府「燒大鯽魚」，顏料坊蔣廚「假蟹粉」，石壩街石府「魚翅螃蟹麵」及車兒巷蘇府「粉粘肉」等，皆是。家母燒魚本事一流，尤其是紅燒的，無與倫比，有口皆碑。鄭府的「燒大鯽魚」，乃選用越大越嫩的「六合龍池」好魚，其法為：「購得大活鯽魚，將腹內腸腑等去淨，腹內有黑色似皮者，與鰓亦去淨，用清水一再洗之，勿使存一點不潔，鱗亦去淨，然後將子（即卵）置腹內。以豬油先煎，再入好酒，與上等醬油煮之，火候一到，盛盤。其味之美，任何菜不及也。」

家母之法，其內必加去皮蒜瓣，以及些許蔥段，偶有剩餘，置冰箱內，其滷汁結凍後，擱白麵或白飯上，其馨逸雋鮮，超乎凡品，始終是我心中的首選。

末了，亦談到南京的特產，有玄武湖鯽魚、茭白，東城外百合，南鄉豬、米，板橋蘿蔔，莫愁湖蓮藕，巴斗山刀魚，清涼山韭黃、刺栗，北城生薑，西城外白芹，石城老北瓜，南湖菱角，江心洲蘆筍、嫩蒿，城外園地之瓢兒菜，「三牌樓」竹園春筍和「王府園」莧菜等。後者尤特別，張老稱用它和蝦米炒熟食之，風味絕佳，他家難及，甚至有人因思此尤物而歸鄉，其絕妙滋味，誠無以復加。

張通之另著《趨庭紀聞》一書，談及其先父的老師龔謙夫，曾索食王府園莧菜三次，東翁僅提供一次。龔老不悅，辭館而去。畫龍點睛，神來一筆。於此足見王府園的莧菜，名重一時，索嘗不易。然而，該園現已建巨宅，名園莧菜皆不復見了。

• • •

第三位則是，精通飲饌的「二少」張學銘。

大帥張作霖，一共生八子六女，長子張學良早已指定接班，對他督促極嚴，人稱「少帥」。張作霖除長子外，對其他的兒女，則要求不高，任由他們自由發展。排行第二的張學銘，眾人以「二少」稱之。他熱愛美食、京戲，也喜歡踢球，性不樂做官，專門督導大帥府的飲饌。

大帥府三日一小宴，五日一大宴，管理膳食不容易，尤其是設計筵席，須適合貴賓口味，挺特別的是，常一桌之內，有關外人、華北人，亦有江南及嶺南人士，難調和眾口。不過，張學銘有此天份，不僅能巧為安排，除帥府內廚師外，亦商請名店大廚到府客串，專燒某一道菜，為筵席添姿采，為賓客增口福，食罷則讚譽有加。

有人因而形容他為「美食字典」，非但清楚京、津各地飯館的拿手菜，甚至知道某大師傅，擅製哪一道菜，至於大帥府內的十三名廚師，各有所長。張學銘無不瞭若指掌，而且指揮若定，是以能竟全功。

唯囿於先天環境，他較常接觸北方菜，其次為江南菜及川菜，對粵菜所知有限，卻因機緣巧合，娶了粵籍夫人，從此接觸日深，另闢一片天地。

夫人姚女士原為東北醫院院長的千金，聰明伶俐，品貌出眾，曾應邀至大帥府，為張作霖、五太太（張學銘之母）所喜，遂提親事。成親之日，帥府張燈結綵，門前車水馬龍，接連辦了三天，席開三百多桌，而且絕不收禮。長兄學良親到廚房吩咐：「菜第一要豐盛，第二要注意衛生。」婚後，學銘自夫人處習得地道的廣東「白切雞」等佳肴，並取了個帶詩意的名字，雅稱為「太白切雞」。

雖然在瀋陽的大帥府裡，廚師陣容堅強，既有來自東北的師傅，亦有江南籍名廚，其常做的美味，達四百餘種，山珍海錯悉備。但自幼長於斯的張學良卻獨鍾紅燒肉，每飯少此不歡，趙四小姐亦然。

有次少帥赴中國銀行的宴會，望見香氣四溢、顏色醬紅的紅燒肉，立刻饞涎欲滴，入口立覺甜軟，遠非家廚可及，誠為人間至味。後來這位廣東籍的張師傅，有緣來到大帥府，每天只做紅燒肉，令少帥和趙四小姐大快朵頤。二少近水樓台，自然也嘗不少好肉。

又，大帥府的廚師長趙連璧，原在奉天的「得意樓」服務，燕窩、魚翅都燒得到位，張作霖食而甘之，乃重金延聘至帥府當差，稍後升任廚師長，授少校官銜。另，奉天「明湖春」的名廚王慶棠，不時受邀來帥府客串掌勺，他出道甚早，手藝極高明，是位老師傅，趙於共同辦宴中，學到不少好菜，如「東坡鯽魚」等，張學銘經常出入廚房，必然樂在其中。

有一年中秋節，大帥府全員到齊，一起吃團圓飯。張學銘擬妥菜單，隨眾人入席。

當天甚熱鬧，據曾任帥府廚師的朴豐田回憶，趙連璧吩咐這些各司其職的廚師，五桌「先上四個冷葷，讓他們先喝酒，熟菜等會再上。」其冷葷為「蝦片併生菜」、「火腿併松花」、「鮑魚併蘆筍」、「醬鴨併酥魚」，待丫鬟、老媽子們欣然入席後，佣人打開各種酒類，大帥和夫人們舉杯暢飲，另四桌也開始吃起來。

「正在吃喝著，廚房又上來四個熟菜：三絲燒魚翅、蔥燒海參、八寶山雞、炸蝦段……接著端上的有清蒸加吉（嘉鱲）魚、冰糖蓮子、虎皮鴿蛋、青椒雞段、雞片燒二冬，最後上的是清湯全家福和小白菜川丸子。大帥張作霖最愛吃小白菜川丸子（註：這是帥府霍萬里廚師專門做的農村菜），不過他並沒有急著去伸筷，而是指著清湯全家福，對夫人們再三說：『吃、吃啊！』各位夫人點頭致謝，她們又互相謙讓一番，才動了筷。」（以上見《大帥府祕聞》）雖是一席家常便宴，看得出舉家和睦，其樂融融。

而所謂的「清湯」，是用老母雞燉湯，燉足一夜，取其原汁，撇去浮油，此湯可飲用，亦可作為上湯配菜（如全家福），各種魚、肉、蔬菜，加上原汁雞湯調味，其食味更鮮。這是北方館的名湯，其相對者為奶湯。

一九二四年，在第二次直奉戰爭中，東北軍戰勝，返回奉天後，張作霖特別高興，於農曆九月初九日，在大帥府舉辦盛宴，這天既是重陽節，也是登高的吉日。張作霖選在此日開慶功宴，就是認為將步步高升，官運更加亨通。加上天公作美，天清氣爽，日麗風和。

受邀的皆是高級將領，一共開了三桌。大帥吩咐下來，「菜一律要精選高級菜品，多花錢不要緊」。於是趙連璧和朴豐田等，個個卯足了勁，下了不少功夫。學銘當時所制定的菜單，為四乾果：炸杏仁、炸榛子仁、炸核桃仁、炸瓜子仁；四鮮果：石榴、香蕉、紅蘋果、鮮白桃；四冷葷：清蒸鹿尾、生菜龍蝦、鮑魚龍鬚、火腿松花；四種酒：「青梅」（產於張家口）、「冰糖」、「菊並」、「瓜健」及各種名酒。還有十個大菜、外加一個「三鮮一品鍋」。

席設大青樓樓下的老虎廳裡，坐客前皆放菜單，並按菜單上的順序上菜。餐具一律銀製，箸用象牙製的。此外，每人前面另有四隻小銀碟，上置乾果。

客人坐定後，張作霖請大家舉起酒杯，笑顏逐開地說：「今天的這宴席，特為各位勞苦功高的將士們準備的，陪客一定要陪好，祝大家多吃多喝。」，「謝大帥」一喊畢，軍官們推杯換盞，開始吃喝了起來。

接下來上十大名菜，果然精銳盡出，分別是「一品珍珠燕菜」、「勝利芸片銀耳」、「芙蓉河魚翅」、「蝴蝶西凡參」、「白雪炸銀魚」、「一品冰糖蓮子」、「金銀嫩子肥雞」、「玉帶金翅鯉魚」、「火腿蟹黃燒魚肚」、「京烤脆皮填鴨」，最後則為「三鮮一品鍋」。

宴會上，菜香與酒香合一，在杯觥交錯下，個個紅光滿面，甚至頭沁汗珠。等到酒足飯飽，再用「三鮮鎖邊炸盒」終席。

對於此次宴會，官員個個滿意，無不盡興而歸。

慶功宴固然精采絕倫，但比起當年十一月，張作霖宴請孫中山的那一頓來，豪邁固然有餘，精細稍有不足。在張學銘精心擘畫下，由大帥府廚師長趙連璧、北京宮廷大廚王老相及張勳家廚、譽滿京華的周師傅聯手，加上大帥廚廚師群助陣，以海味為主軸，設計一席美饌，其菜肴之精美，可謂空前絕後。

酒席中的冷碟，有「清蒸鹿尾」、「生菜龍蝦」、「蘆筍併鮑魚」、「火腿併松花」；大菜則有「一品燕菜」、「冬筍雞塊」、「清湯銀耳」、「白扒魚翅」、「蝦籽海參」、「清蒸鰣魚」、「清煨蘿蔔干貝珠」、「鴿蛋燒芥藍」、「腐竹燒鴨腰」及「蟹黃車輪渡豆腐」等。由於質美味鮮，孫文食罷大樂，親向大廚致謝，傳為食林佳話。

西安事變之後，張學良被軟禁，學銘未入仕途，得以置身事外，在天津的租界，過其寓公生活。居所稱「張公館」，雖無帥府排場，卻相當有氣派。部分帥府廚師，追隨至張公館，伺候這位二少，但也增添新血，食事更為精進。

等到抗戰勝利，有丁洪俊者，為江南人，在天津學廚，無論南北佳肴，都做得頗出色。大行家張學銘，頗欣賞其人其藝，請他主廚政。丁亦從張學銘處習得許多竅門，大讚東家對各菜均有深入研究，博採眾家之長，加入一己心得。張偶爾亦技癢，親自入廚燒菜，款待親朋好友。

丁洪俊提起張公館食制的特色，在重質不重量，午晚膳之菜，必少而精緻，才合張學銘的脾性。凡嘗過的人，無一不叫好，就燒魚來說，先將一尾熬湯，棄魚身只留湯，接著烹調另一尾魚，以魚湯當調味品，故燒好的魚，滋味特別好。而東主對飲食要求極高，首重新鮮，魚必吃活魚，蔬菜講究現摘，且每餐一定有湯佐膳。

中共主政後，張學銘當選全國政協委員及天津市政協常委，仍居住天津市，每與友人相聚，仍津津樂道大師府當時食制。

二十世紀八〇年代初，瀋陽市推出「大帥府筵席」招徠食客，人們在參觀完大帥府後，常以品此為快。張受邀擔任筵席設計人，能隨手寫出帥府宴席多款，且有四季之分，配合時令所宜，令人歎為觀止。

總而言之，民國這三大食家，品味萬般是其一，楊度錄下心得，留下珍貴史料，嘉惠後學甚鉅。張通之專注地方，詳其特色，足供取法。而張學銘則善於運用，安排上好筵席，值得吾人喝采。茲將三家合為一篇，目的在取不同面向，合而能成全方位，俾成可長可久之道。

食家風範

食家風範／朱振藩著；
－初版.－臺北市：麥田出版：
英屬蓋曼群島商家庭傳媒股份有限公司
城邦分公司發行，2025.02
256面；14.8×21公分.
ISBN 978-626-310-819-6（平裝）
1.CST: 飲食 2.CST: 飲食風俗
3.CST: 文集 4.CST: 中國
427.07 113019149

印　　刷　前進彩藝有限公司
封面設計　楊啟巽
內頁排版　黃暐鵬

初版一刷　2025年3月

定　　價　NT$360
I S B N　978-626-310-819-6
E I S B N　9786263108172（EPUB）

作　　者　朱振藩
責任編輯　何維民
版　　權　吳玲緯　楊　靜
行　　銷　闕志勳　吳宇軒　余一霞
業　　務　李再星　李振東　陳美燕
副總編輯　何維民
總 經 理　巫維珍
編輯總監　劉麗真
事業群總經理　謝至平
發 行 人　何飛鵬

出　　版

麥田出版
115台北市南港區昆陽街16號4樓
電話：(02)2500-0888　傳真：(02)2500-1951

發　　行

英屬蓋曼群島商家庭傳媒股份有限公司城邦分公司
台北市南港區昆陽街16號8樓
客服專線：02-25007718；02-25007719
24小時傳真服務：02-25001990；02-25001991
服務時間：週一至週五09:30-12:00，13:30-17:00
郵撥帳號：19863813　戶名：書虫股份有限公司
讀者服務信箱E-mail：service@readingclub.com.tw
城邦網址：http://www.cite.com.tw
麥田出版臉書：http://www.facebook.com/RyeField.Cite/

香港發行所

城邦（香港）出版集團有限公司
香港九龍土瓜灣土瓜灣道86號順聯工業大廈6樓A室
電話：+852-2508-6231　傳真：+852-2578-9337
電郵：hkcite@biznetvigator.com

馬新發行所

城邦（馬新）出版集團【Cite(M) Sdn. Bhd.】
41-3, Jalan Radin Anum, Bandar Baru
Sri Petaling, 57000 Kuala Lumpur, Malaysia.
電話：+6(03) 90563833　傳真：+6(03) 90563833
電郵：services@cite.my